神奇植物有文化

范钦儒 ◎ 编著

北京出版集团
北京出版社

目 录

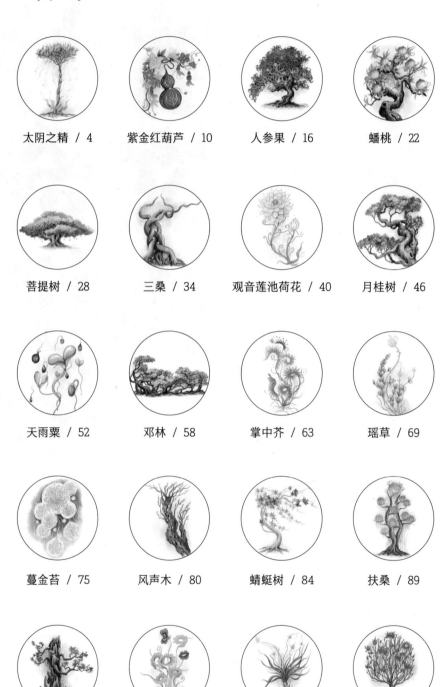

太阴之精

灵吉[1]笑道:"那妇人唤名罗刹[2]女,又叫作铁扇公主。他的那芭蕉扇本是昆仑山后,自混沌开辟以来,天地产成的一个灵宝,乃太阴之精叶,故能灭火气。假若搧[3]着人,要飘八万四千里,方息阴风。我这山到火焰山,只有五万余里。此还是大圣有留云之能,故止住了。若是凡人,正好不得住也。"

——《西游记》

太上老君

1. 灵吉：《西游记》中八大菩萨之一。
2. 罗刹（chà）：指食人肉的恶鬼。
3. 搧：通"扇"，用扇子或其他薄片，使空气流动生风。

译　文

　　灵吉菩萨笑着说："那个妇人叫罗刹女，也叫铁扇公主。她的那柄芭蕉扇是混沌初开后，在昆仑山吸收天地精华而产生的一件灵宝，由太阴之精的叶片做成，所以能灭大火。如果用它扇风，能把人吹到八万四千里以外。我这座（小须弥）山到火焰山只有五万多里。这还是大圣有留云的本事，才止住了。如果是普通人，绝不可能停得下来。"

⊙ 叶片特写

⊙ 制成的扇子

铁扇公主的灭火法宝

传说混沌初开时，仙气慢慢聚拢，神物也都在天地之间自由生长着。昆仑山是最具仙气的地方，是我国的神话宝藏。《山海经》形容昆仑山是海内最高的山，是天帝在人间的都城，方圆八百里，高七八千丈，山中有各种奇珍异宝，生长着许多奇花异草，大多充满灵气。许多动物成了神仙的坐骑，许多植物成了神仙的法宝。

在昆仑山深处，有一株奇特的植物，外形长得像芭蕉，但比芭蕉更加高大，顶端的叶片茂密聚集，树下许多藤条缠绕攀附，层层叠叠。此树不开花不结果，每到月圆之夜，叶片便舒展开来尽享月亮精华，这树便是太阴之精。

太阴在我国古代通常是指月亮，日为太阳，月为太阴，只是现在很少有人使用这种称呼。盘古开天地，左眼化为太阳星，里面有太阳真火，至阳至刚，可以焚烧万物；右眼化为太阴星，里面是太阴真水，至阴至寒，可以冻结天地。所以太阴也用来形容阴气极盛，结合五行来看，太阴又与水、冬天、北边有关。

《西游记》里说，太上老君偶然得到了太阴之精的叶片，制成了一把宝扇，后到了铁扇公主的手上。这扇子确实神奇，可以变大变小，扇一下，能灭火，扇两下就起大风，扇三下便能下雨。唐僧师徒取经路上来到了火焰山附近，只感热气蒸人，问了乡亲才知道，山周围有八百里火焰，什么都灭不了，铜铁都能给熔化掉，更别说人了，根本无法通过。谁要想翻过这座山，必须去翠云山芭蕉洞向铁扇公主借芭蕉扇，只有那把神扇才能灭了山里的火。每年乡亲们要耕种，或要到山那边去，都得去求她。于是悟空赶紧去借扇子，不料却碰见了冤家。这位铁扇公主也叫罗刹女，罗刹是指食人肉的恶鬼，可见她就是个难缠的主。她是《西游记》中的"第一熊孩子"——红孩儿的母亲，正恼怒孙悟空此前请来观音菩萨把儿子制伏收走的事，怎么可能把宝扇借给他。两个人一言不合打了起来，铁扇公主敌不过，就拿出宝扇一扇，忽然起了大风，把悟空吹得无影无踪。这风大到让孙悟空整整在风里滚了一夜，第二天天亮时竟落在了小须弥山上，这宝扇的威力实在骇人。小须弥山上的灵吉菩萨知道了这事，就把如来佛祖赐的定风珠借给了悟空。

第二次借扇，孙悟空与铁扇公主还是打，等到铁扇公主使出宝扇一扇，孙悟空有了定风珠自是岿然不动。铁扇公主见状就跑，孙悟空则变成了小虫钻进了铁扇公主的肚子里打闹。她实在忍不住痛，便把扇子给了孙悟空。谁知道却是一把假扇子，对着火焰山的火一扇，火势越来越大，丝毫没有要停下来的样子。

第三次借扇，孙悟空听了土地老儿的建议，去找铁扇公主的夫君牛魔王商量，可这一家人都不是好对付的，又是一场打斗。孙悟空与牛魔王打得难解难分之际，牛魔王被请去赴宴，孙悟空就变成他的样子去跟铁扇公主骗来了扇子。刚要灭火，却被返回的牛魔王发现，两个人又打了起来，并各自叫来了帮手，还是难解难分，最后四大天王、托塔李天王、哪吒都赶到了，生擒了牛魔王，这才逼得铁扇公主交出扇子来救夫命。

火焰山的火，范围极广不说，还极烈、极阳，普通的水根本灭不了，泼上去后只能化作水汽，为什么铁扇公主的扇子一下子就能熄灭它呢？原因在前面也说过，正是因为扇子是用太阴之精做成的。太阴已经是天地间最阴性的了，太阴之精华，可见这株植物属性是阴中之阴。而芭蕉扇是用它的叶片制成的，自然能对付极阳的火焰山大火。后来孙悟空用这把纯阴的扇子扇了七七四十九下，彻底熄灭了火焰山的大火，让当地人永葆安乐。

说来也巧，火焰山就是孙悟空当年大闹天宫，踢翻太上老君的八卦炉时，掉落在人间的几块火砖形成的，仙人炼丹的真火，当然具有神力。他当年惹下的祸，也得自己辛苦周折一番来解决才算圆满。

阴阳相克也相合，它们既对立又统一，可以互相转化，这是中国古代文化中最朴素也最博大的哲学思想。有阴就有阳，有阳才有阴，太阴之精与火焰山大火，就对应着阴与阳，争斗是相克，借扇又是相合，这其中的因果轮转，形成了人们能够口口相传的好故事。而神话传说中，剥去鲜活的人物形象，拨开引人入胜的奇巧情节，剩下的骨干正是传承至今的中国文化精髓。

紫金红葫芦

我这葫芦是混沌初分，天开地辟，有一位太上老祖，解化[1]女娲之名，炼石补天，普救阎浮[2]世界；补到乾宫夬地，见一座昆仑山脚下，有一缕仙藤，上结着这个紫金红葫芦，却便是老君留下到如今者。

——《西游记》

孙悟空

金角大王

1. 解化：解脱转化，修行成道。
2. 阎浮：在《西游记》中指的是人居住的世界。

译 文

　　我这个葫芦是天地混沌初开时就有的，那时有一位太上老祖（太上老君）修行得道后以女娲的名义，炼石补天，救了人类苍生，补到乾宫夬（guài）地这个方位的时候，看到在昆仑山脚下，有一缕仙藤，上面结了一个紫金红葫芦，是太上老君把它摘下留到了今天。

⊙ 使用的方式，口冲斜下方，有风从口中出

⊙ 葫芦身上的花纹，
　 金色太阳纹饰

⊙ 藤蔓特写，
　 无根无依，飘摇空中

太上老君的丹药瓶

昆仑山在中国古代神话体系中占据着非常特殊的地位，围绕着它产生了一个比较完整的神话体系。后来在道教文化中，昆仑山发展成了"万山之祖"，被奉为神仙所居的仙山。《水经注》中讲，相传昆仑山有三层，上了第一层可以长生不死，上了第二层就能呼风唤雨，只有真正的神仙才能上得了第三层。山上的物种更不必多说，在神仙居住的地方出现的事物，一定都伴随着神力。

吴承恩的《西游记》中有一个角色叫作太上老君，是公认的道教始祖，也是能够"八十一化"的全能神。他的特长是推演八卦、炼制丹药、锻造宝物，因此他总是需要一些不常见的原材料，所以常出没在昆仑山中，总能从山中带回宝贝，或入药或做成法器。紫金红葫芦就是太上老君在昆仑山脚下的一缕仙藤上发现的，拿回去做成了装丹药的葫芦。这葫芦通体是紫红色的，泛着金光，大肚小口。它不仅仅是一个容器，也是太上老君的六大法宝之一。如果打开葫芦，叫一声谁的名字，那人应声后就会被装进葫芦里，然后只需要贴一张符咒，葫芦里的人就会马上化为脓水。据说这葫芦最多能装一千人，是非常诡异的伤人武器。

唐僧取经路上遭遇了非常多的劫难，这九九八十一难其实都是为了考验唐僧师徒的取经真心故意设置的，这其中一定也少不了太上老君的策划。我们非常熟悉的金角大王、银角大王就是菩萨从太上老君那儿"借"来的炼丹童子。他们一个守着金炉，一个守着银炉，后来拿着太上老君的几样法宝下到凡间变成妖怪，在平顶山莲花洞作乱。

　　金角大王和银角大王把唐僧抓走想要吃了他，还邀请了他们的老母亲灰狐狸一同享用。他们仗着紫金红葫芦、幌金绳、七星剑、玉净瓶这几样宝贝，肆无忌惮。孙悟空也见识过紫金红葫芦的威力，当银角大王打开葫芦问"你是谁"时，他回答说："我是孙行者。"他心想这又不是自己的本名，绝不会被葫芦收了去。结果银角大王这么一叫，竟真的把孙悟空收进了葫芦。可见这葫芦神力无边，甚至堪比现在的人脸识别系统，不管是真名、外号、艺名，只要是你用过的名字它都能辨认出来。可孙悟空当年大闹天宫，吃了太多太上老君的仙丹，还在八卦炉里炼过，早就是金刚不坏之身，葫芦根本化不了他。于是他使了个诈，让金角大王和银角大王以为他已经丧命于葫芦。接着，孙悟空又变出了一个假葫芦跟真葫芦调包，自己装作孙行者的兄弟，跟两个妖怪再次对峙，趁对方不注意，把银角大王吸进了真的紫金红葫芦里。

　　葫芦易主，双方战局就发生了根本性的变化，两个妖怪纷纷被制伏，唐僧师徒也被救了回来。四人刚要继续踏上取经路，就被太上老君拦下了，向孙悟空要宝贝。悟空反向他问罪：你纵容自己人作乱，不认错还要来质问我。太上老君才说出实情，本是菩萨三番五次来借童子，说是为了考验你们师徒去往西天的真心，这才不得已而为之。他说着从紫金红葫芦里倒出两个小童，这才真相大白。

紫金红葫芦经过《西游记》的传播，成了相当出名的法宝。后来在《封神演义》里，女娲娘娘也多次使用了一个可以从里边拿出法宝的红葫芦。元始天尊、接引道人、准提道人、陆压道人同样都有一个这样的宝贝。他们都是昆仑山上的神仙，说不定这些葫芦都来自同一缕仙藤。

葫芦本来是一种普通的植物，可以吃，也可以做器皿，因为它的形状不需要怎么加工就有天然的储存空间，所以古人用它来装水、装酒、装丹药等，也可以劈开来做舀水的工具。葫芦的造型有趣、好看，所以后来不仅出现了很多仿照葫芦形状的陶制品，很多商铺也用它作为招牌，让人一见就能联想到店里卖的商品。葫芦，发音与"福禄"相近，寓意美好，所以更得到了人们的喜欢。有句俗语：葫芦里卖的什么药？一来能看出从前人们确实有用葫芦来装丹药的习惯，无论是道士还是医者；二来也可见葫芦的造型——口小不能见底，除非倒出来，否则没办法知道里面有什么，更增添了神秘色彩。古书中但凡有仙人腰间晃荡着葫芦的形象，便有一个神奇的故事即将展开，不由得让人浮想联翩。

人参果

盖天下四大部洲，惟西牛贺洲[1]五庄观出此，唤名"草还丹"，又名"人参果"。三千年一开花，三千年一结果，再三千年才得熟，短头一万年方得吃。似这万年，只结得三十个果子。果子的模样，就如三朝[2]未满的小孩相似，手足俱全，五官咸[3]备。

——《西游记》

孙悟空

注 释

1. 西牛贺洲：是佛教传说中四大部洲之一，在须弥山西方。
2. 朝（zhāo）：天。
3. 咸：全。

译 文

　　天下四大部洲中，只有西牛贺洲的五庄观才产这种果子，叫作草还丹，也叫人参果。培育三千年才能开花，再三千年才能结果，再三千年果子才成熟，至少要一万年才能吃。这一万年也只能得到三十个果子。果子长得就像刚出生不满三天的小孩，四肢都有，五官也都清晰可见。

⊙ 人参果开花结果的过程

17

⊙ 人参果见人会笑，来回摆动

⊙ 树干连着叶子，赤色的树干，青色的叶子

令人长生不老的稀世珍果

唐僧师徒走到万寿山时，发现山上有一个五庄观，里面住着一位叫作镇元子的神仙，人们说他是地仙之祖，也就是在人间最早、最尊贵的神仙。这镇元子其实和唐僧是"旧相识"，《西游记》中讲，唐僧是释迦牟尼的二弟子金蝉子转世，镇元子和金蝉子是老友，所以他待唐僧师徒十分好，留他们在观中休息。五庄观中有一棵神树，年纪很大，据说开天辟地后就已经存在了，灵枝灵根，更结灵果。这树结的果子长六七寸，像小婴儿，名叫人参果，要上万年才能得到三十个。人参果如此稀有，当然也有十分特殊的功能，传说只要闻一闻它的香气，就能活到三百六十岁，如果能吃一个，就能活四万七千年。观里只拿它招待最尊贵的客人，每一个果子都有记录。镇元子命童子摘了两个果子招待唐僧，就出门了，可唐僧一看到果子婴孩的形状，就千推万阻绝不肯吃。两个童子一看客人连这稀世珍宝都不要，没禁住诱惑，偷偷拿回房一人一个分了，倒被猪八戒偷看到。嘴馋的他并不知这果子的稀奇，只是因一时贪嘴，就找孙悟空一起去偷果子。

谁知道，这果子并不好摘，见到人就笑，在树枝上晃来晃去，俩人拿着专门摘果的杆子去打果，果子掉落在地上竟不见了。孙悟空叫出土地公一问才知道，神树长在土里，灵根深扎，生的果子属金，这果子碰见土就会消失，遇到水就会化掉，遇到火就会烤焦，遇到木就会枯萎，只有遇到金才能掉落，这也暗合了五行的说法。两人找到了窍门，偷了三个，和沙僧一起尝了个鲜。童子们发现了，随即跟唐僧师徒几人吵闹了起来。就在这时，孙悟空一气之下变了个替身，去把人参果树乱打一气，连根拔起。如此珍贵的神树就这么毁了，童子们吓得不行，只能把师徒几人锁在房里，等镇元子回来处理。可主人还没到家，几人便趁夜被孙悟空带着逃走了。

镇元子回家发现后，自然是气得不行，神树是多少钱都买不到的上古神物，果子没了已经足够心疼了，现在树也活不成了，神树气数已断，绝不是好预兆，于是他追上唐僧就要打，还要把他放进油锅泄愤。孙悟空为了保护师父，替他受了惩罚，但都用法术骗了过去。镇元子稍稍冷静了下来，他知道孙悟空的厉害，怎么也不会伤到分毫，但这树必须得恢复原貌才算罢休。孙悟空急忙跑出去"寻医问药"，去了蓬莱仙境问了福禄寿三星，没有办法；去了方丈仙山找东华大帝，也没有办法；最后在普陀山上讲经的观音菩萨能"对症下药"，随孙悟空去五庄观，用净瓶里的甘露水救活了神树，使其恢复了枝繁叶茂的样子。镇元子复得了神树，高兴得不得了，敲下十个果子，办了"人参果会"，以作感谢。观音菩萨、唐僧等人各品尝了一个果子，皆大欢喜。有趣的是，镇元子和孙悟空在宴席上聊得情投意合，竟然结拜为兄弟，又成了一段佳话。

一棵人参果树，惊动了这么多神仙来到五庄观为它伤神费力。它的功能是长寿，可见人们渴望长命百岁，但也知道长寿难得。《西游记》中能增人寿命的食物不止人参果一个，但因为它的形象像人，十分少见，所以令人印象深刻。

现在也有一种水果叫人参果，味道清甜，低糖低脂肪，富含蛋白质和维生素，营养丰富。不过它长得不像人，只是有褐色花纹的果子而已，命名方式也与《西游记》中的人参果没有关系。还有一种中药材也叫作人参果，是一种兰科的植物，能强心补肾、补脾健胃，被用于治疗神经衰弱、失眠头晕。

蟠桃

土地道："有三千六百株。前面一千二百株，花微果小，三千年一熟，人吃了成仙了道[1]，体健身轻。中间一千二百株，层花甘实，六千年一熟，人吃了霞举飞升[2]，长生不老。后面一千二百株，紫纹缃[3]核，九千年一熟，人吃了与天地齐寿，日月同庚[4]。"

——《西游记》

孙悟空

注 释

1.成仙了道：成了仙人，明晓道法。
2.霞举飞升：道教中指修行得道的人会被云霞托着飞升天界，也指腾云驾雾。
3.缃（xiāng）：浅黄色。
4.庚：年龄。

译 文

　　土地公说："这里有三千六百株桃树。前面一千二百株，花朵小果子也小，三千年成熟一次，人吃了能成仙人，学懂道法，身体健康；中间一千二百株，花朵是一层一层的，果实甘甜，六千年成熟一次，人吃了能飞升天界，长生不老；后面的一千二百株，有紫色的花纹和浅黄色的桃核，九千年成熟一次，人吃了能和天地日月同寿。"

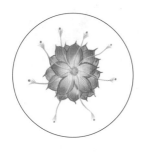

⊙ 花朵特写

⊙ 桃核细节

⊙ 桃枝细节

23

王母娘娘的宴会佳肴

三月初三是西王母的生日，每年这个时候，她都要在瑶池举办蟠桃盛宴，宴请各路神仙来一同庆祝，这一天也成为道教中非常重要的节日。西王母就是我们常说的王母娘娘，她在中国古代神话中是很重要的人物，掌管生育，会做不死药。传说她生活在昆仑山上，拥有一片蟠桃园，有三千六百棵桃树。这些桃树分为三个区域，前面一千二百棵结的果子比较小，三千年成熟一次，人吃了可以成仙；中间一千二百棵的果子更好些，六千年成熟一次，人吃了能直接飞升到天上；后面一千二百棵的果子，有紫色的花纹和黄色的核，九千年才成熟一次，人吃了就能长生不老。

为什么只有西王母拥有蟠桃园呢？传说西王母曾侍奉鸿钧老祖，鸿钧老祖给了她蟠桃种子，并传授了种植方法。经过上千年的精心养护，才有了这片桃林。桃子逐渐成熟后，王母娘娘每年举办寿宴，都会用蟠桃宴请众神仙。能参加盛会尝上一枚仙桃，成了众神仙身份尊贵的标志。这次盛宴不仅是庆生宴，更像天上神仙们的"总结大会"，西王母也因此笼络了众仙。被邀请来的神仙论功行赏，按神力等级来分蟠桃。功力强大、神力高的神仙能得到大桃，神力低一些的小仙只能得到小桃。无论能吃到什么样的蟠桃，大家都能延长寿命，增强法力。俗话说，吃人嘴软，拿人手短。吃了仙桃，得了好处，神仙们自然都十分尊敬西王母。

宴会规格很高，连嘉宾的座次都特别讲究，这样级别的宴会，不是所有神仙都会被邀请，来的都是些有头有脸的人物。说来也巧，唐僧的三位徒弟和蟠桃会都有不解之缘。沙僧从前任卷帘大将，是天帝的贴身保镖，平日里十分威风，可他在蟠桃会上只能得到一个小桃而已。因为不满蟠桃的分配，他有一次故意打碎了琉璃盏，结果被天帝惩罚，赶到了流沙河，可见蟠桃会管理之严格。猪八戒还是天蓬元帅的时候，也是蟠桃会的座上宾，但有一次喝多了酒调戏嫦娥，因此被罚下凡间，变成了猪的样貌。孙悟空作为他们的大师兄，捣乱实力最强，但他当时连宴会的门都进不去。他被封为齐天大圣之后，被派去管理蟠桃园，本就是个有名无实的职务，听土地公讲了蟠桃的神妙之处，又得知大名鼎鼎的蟠桃盛宴竟然不请自己，勃然大怒，于是吃光了后林里最大、功效最强的桃子。蟠桃会即将开始，西王母派七仙女去摘桃。她们在前林摘了两篮；中林摘了三篮；到了后林发现只有青小未熟的果子挂在树上，成熟的桃子竟一个都没有，才发现是被孙悟空偷吃了，把事情上报给西王母。

孙悟空第一次与天帝闹翻，是因为不满他赏赐的弼马温闲职，愤而回归花果山。这次被招回去封了齐天大圣，他以为自己终于受到了尊重，却不想是被派去做个桃园园丁，还不能参加神界的盛会，因此又大闹了一场。等西王母派人去捉拿，齐天大圣早就又逃回了花果山，这是他大闹天宫的前奏，表现了他反抗强权的无畏精神。

因为蟠桃有增长人寿命的功能，所以它总是和南极仙翁的形象一起出现。带有寿星的画作上，他总是一手拄杖，一手托着一只很大的桃子，那就是蟠桃，我们也叫它寿桃。齐天大圣去不了蟠桃会，我们普通人更没办法参加，所以人们会在节庆时把面食做成蟠桃的样子，增添节日的气氛，也寄托健康长寿的美好愿望。直到现在，我们在庆生的蛋糕上也能看到寿桃的装饰，这都来自蟠桃的形象。

现在也有种水果叫作蟠桃，和普通的桃子形状不同，这种蟠桃不仅没有桃尖，反而向内凹了进去，呈扁平状。它因为营养丰富，也被人们称为长寿果，这一特性与小说中的蟠桃类似，所以人们也称这种桃子为蟠桃。

菩提树

菩提树，出摩伽陀国[1]，在摩诃菩提寺，盖[2]释迦如来成道时树，一名思惟[3]树。茎干黄白，枝叶青翠，经冬不凋。至佛入灭[4]日，变色凋落，过已还生。

——《酉阳杂俎》

释迦牟尼

注 释

1. 摩伽陀国：古印度十六雄国之一。
2. 盖：因为。
3. 思惟：现写作"思维"。
4. 入灭：佛教中指僧侣死亡。

译 文

　　菩提树，出自摩伽陀国的摩诃菩提寺，因为释迦牟尼在此大树下成道，也叫作思维树。树干是黄白色的，枝叶青翠，冬天也不会凋零。佛陀（释迦牟尼）入灭的时候，它才会变色凋零，之后再重生。

⊙ 花特写

⊙ 叶子特写

⊙ 树皮的纵向纹路

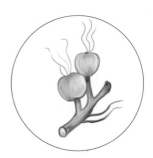
⊙ 果实特写

清醒顿悟的佛教圣树

菩提树是一种大型乔木，我国广东、广西、云南地区都有栽种。它喜欢高温，不耐寒，所以经常出现在热带、亚热带地区。成年的菩提树很高大，外表非常壮观，是很好的观赏树种。主干层层叠叠，树冠横向散开，树下可以形成非常大的阴影，因此到了夏天人们都喜欢在菩提树下乘凉。到了冬天，因为有茂密枝干的保护，人站在树冠下也能感受到温暖。菩提树抗污染能力很强，不受病虫害的影响，还能净化空气，因此也被认为十分洁净。它是佛教圣树，是有名的悟道树，传说佛祖释迦牟尼就是在菩提树下顿悟成道的。

"菩提"一词来自梵文音译，是一种抽象的概念，指豁然开朗、顿悟真理的一种境界。两千多年前，释迦牟尼作为印度一个小国的王子出生了，他聪明伶俐，武艺高强，在王宫里过着闲适富足的日子。有一天他走出了王宫，看到了路上的年长者、病人和死人，才知道人生并不是王宫里的样子，它有生老病死，令人看了触目惊心。因此他抛弃了王子的身份，成为出家人，一路苦行，一路寻找生命的真谛，最后，在一棵菩提树下专注地思考了整整七天七夜，终于顿悟，找到了真正的"答案"。悟道后，释迦牟尼开始竭力传播自己的思想，使得佛教在全世界广泛传播，渗透到了文化的方方面面。菩提树也因此成为神圣和智慧的代表。释迦牟尼在菩提树下顿悟的故事广为流传，佛教画作也喜欢呈现这个至关重要的场景。我们并不知道是菩提树本就具有"智慧"，才成为见证这番惊世骇俗思考的第一旁观者；还是因为这个美妙的故事，这棵树才得到了"菩提"的名号，但从此以后，菩提树就与智慧、顿悟紧紧联系在了一起。

初唐时期，惠能大师有一首诗，其中的四句是："菩提本无树，明镜亦非台，本来无一物，何处惹尘埃。"这里用菩提比喻智慧，而非实际的菩提树；用明亮的镜子比喻清净的心，而不是实际的妆台。本来就是无形无色、无状无相的，空无一物，又怎么会惹来尘埃呢？菩提与菩提树，明镜与明镜台，多一字就是有执着，执着于形态、执着于功用、执着于脑海中固有的思维逻辑，这样就做不到不生不灭、无牵无挂。这便是一种佛教思维。

在印度，每座寺庙都被要求种上一棵菩提树，可见菩提树在佛教中的重要意义。很多菩提树都是有正规"血统"的，它们都是从当年释迦牟尼顿悟的菩提树嫁接而来，仿佛带着佛祖的神力。我国浙江普陀山文物展览馆里也陈列着四片菩提叶，据说就来自这棵神树。1954年印度总理访华，带来了一株从那棵菩提树上取下来的枝条培育成的树苗，赠送给中国。这株树苗就栽种在现在的北京植物园中。如果我们看到菩提树上绑着许多线绳，这是人们把对生活最美好的期待寄托在洁净的菩提神树上，希望生活顺遂，得偿所愿。许多印度妇女定期为菩提树浇水，绕着大树行走，希望它保佑生出健康聪明的孩子。

菩提子作为佛家七宝之一，其实并不是菩提树的果实。真正的菩提树果实，形状和结构与无花果类似。而人们佩戴的菩提子来自许多种植物的果实和种子，因为都是制作佛珠的材料，所以被统称为菩提子，比如星月菩提、凤眼菩提、龙眼菩提等。佩戴菩提子寓意吉祥平安，人们希望通过它来达到净化心灵的作用，获得释迦牟尼般的大智慧。

三桑

欧丝之野[1]在反踵[2]东,一女子跪据[3]树欧丝[4]。三桑无枝,在欧丝东,其木长百仞,无枝。

——《山海经》

注 释

1. 欧丝之野：地名。
2. 反踵：脚跟反向上，这里指《山海经》中的反踵国，也有种说法叫跂（qǐ）踵国。
3. 据：靠着。
4. 欧丝：吐丝。欧，通"呕"。

译 文

　　欧丝之野在反踵国的东边，有一个女子跪着倚靠在大树上吐丝。有三棵没有枝干的桑树生长在欧丝之野的东边，它们有百仞高，却没有树枝。

⊙ 三桑树花朵

⊙ 三桑树树干剖面

⊙ 树干纹路特写

⊙ 根部交织特写

桑神吐丝之地

　　《山海经》中讲，洹（huán）山上有三棵很奇怪的桑树，它们没有任何枝叶，有百仞高，这么特别的外貌已经昭示了它有神异之处。树下有一个女子跪着靠在树上吐丝，郭璞的《山海经校注》在这里说明"言唉桑而吐丝，盖蚕类也"，说这位女子其实就是桑蚕，也是桑蚕之神。

　　《荀子·蚕赋》中说这位桑蚕女神是女身马首。女身我们也许可以理解，桑蚕通体圆润，柔软丰腴，容易让人联想到少女。马首又是从何而来呢？《尔雅翼》曰："蚕之状，喙呥呥（rán rán）类马。"这句话的意思是蚕用嘴嚼东西的样子像马，加上蚕也能将上半身直立，把头昂起来，确实有马的神韵，这些特点结合在一起，便有了桑蚕女神女身马首的说法，是古人对生活细致的观察与丰富的想象力结合的产物。后来在《搜神记》里，人们还给这位桑蚕女神编了故事，说远古时候有一位姑娘，她的父亲外出不归，她很是想念，立誓只要有人帮她把父亲找回来，她就以身相许。家里的白马听后就奔了出去，不出几天就把她的父亲带了回来。可白马毕竟是家畜，绝不算是个好归宿，父亲为了女儿的前途，把马杀了，将马皮剥下来晾在院子里。突然有一天，马皮飞起来把姑娘卷走了，后来人们发现他们悬挂在了桑树上，变成了作茧的蚕。人们把蚕拿回去养起来，从此就开始了养蚕的历史。所以桑蚕女神也叫马头娘。

缫丝织绸是中国人的伟大创造，中国古代农业社会"男耕女织"的劳动结构里，"织"所指的工作内容，很大一部分都与蚕有关，所以桑蚕女神在我国古代有着非常重要的地位，影响着人们的生活水平，人们也对她的祭祀活动非常重视。蚕茧是蚕分泌的液体凝固而成的一种纤维。它是自然界中最轻柔的天然纤维，用它织成的布料轻盈柔软，十分透气、亲肤，因此丝绸衣服、蚕丝被子都深受人们的喜爱。蚕茧要在适合的水温下煮，煮出了丝胶后才能先剥茧，再缫丝。因为蚕丝很细，一根不能使用，所以还要把一些茧丝绞合在一起，形成生丝，然后才能制作丝绸。有一个成语叫"抽丝剥茧"，描述的就是生产生丝的过程，后用来形容对事物分析得层次分明、细致有理。从这种复杂的生产流程中，我们可以看出做生丝是个精细活儿，非常考验眼力和手的灵活性。

古蜀国是中华丝绸文明的摇篮之一，三星堆中就发现了丝绸蛋白灰烬与印痕。《山海经》中讲洹山上的欧丝之野，可能就是成都平原，也就是巴蜀丝绸的起源地。三星堆青铜人身上穿的飘逸礼服，就是当时君主的丝绸服装，也是与中原文化相互影响、融合的结果。我们都知道四川蜀锦十分名贵。蜀锦以染色熟丝织造而成，其工艺耗时耗人力，是古时候皇帝才能享受到的上等贡品。在蜀地蚕神庙里，也能见到女子披着马皮的塑像。

桑树作为蚕最重要的食物来源，对养蚕来说非常重要。蚕吃桑树叶，吃的是叶子，却能吐出丝来，所以人们也认为桑树是具有奇异能力的植物。桑树是乔木，可以长得非常高大，它的果实就是桑葚，不仅美味，可以酿酒，还能入药，清肺明目，用来治疗头疼发热。古人不喜欢在庭院里种桑树，一是因为桑与"丧"同音，觉得不是很吉利；二是因为桑葚甘甜，每到果子成熟时就会招来很多虫子，给人增添苦恼。但其实桑树全身都是宝，除了果实、叶子以外，桑树木材坚硬，经常被用来制作农业生产工具、家具等，还可以造纸。桑树的树皮也能做药材，尤其在一些少数民族的医药中，运用十分广泛。

观音莲池荷花

菩萨道：他本是我莲花池里养大的金鱼。每日浮头听经，修成手段。那一柄九瓣铜锤，乃是一枝未开的菡萏[1]，被他运炼[2]成兵。

——《西游记》

观音菩萨

注 释

1. 菡萏（hàn dàn）：莲花。
2. 运炼：烧炼。

译 文

菩萨说：他本来是我的莲花池里养大的一条金鱼。每天把头浮出水面来听讲经，修炼成人。那柄九瓣铜锤，是一朵没有开放的莲花，被他炼成了兵器。

⊙ 莲花绽放过程特写

41

⊙ 九瓣铜锤特写

⊙ 莲花特写

高洁的佛教圣物

宋朝词人周敦颐有一篇著名的《爱莲说》，是这样描写莲花的："予独爱莲之出淤泥而不染，濯清涟而不妖，中通外直，不蔓不枝，香远益清，亭亭净植，可远观而不可亵玩焉。"这段话的意思是，我唯独喜爱莲花从淤泥中长出却不被污染，经过清水洗涤却不妖艳的样子，莲花的茎干直挺中空，也不长枝蔓，清香宜人，笔直洁净地竖立在水中。人们可以远远地观赏它，但不会忍心轻易地玩弄它。这几句关于莲花的描写流传至今，成为它朴直洁净的集中体现。

莲花，也叫荷花或芙蓉花，它由于有着高洁的品相而成为佛教中非常重要的形象。我们常在寺庙中见到许多菩萨的塑像都手持莲花，或者端坐在莲花台上，这是一种洁净的象征。袈裟被称作莲花衣，寺庙建筑也多用莲花纹样装饰，甚至人们用莲来比喻佛，为什么佛教如此推崇莲花呢？莲花生长在淤泥中，就好像人自出生开始就贯穿始终的诸多烦恼，但莲花却能自洁淡雅，这份宁静祥和就好像能把所有烦恼抛于脑后，得到内心真正的清净。《华严经》里有"犹如莲花不着水，亦如日月不住空"的名句，是说人应该像莲花一样，身心不沾水，就像日月每天都在天空中运行但从不停住在虚空之中。这正应和着佛法中的智慧。

莲花在世界上的出现时间比人类还要早，是真正的"活化石"。河南的仰韶文化遗址中曾经发现过两颗莲子，距今已有五千年的历史；柴达木盆地中也发现了一千万年以前的荷叶化石；浙江的河姆渡文化遗址中出土过荷花的花粉化石。人类在劳动中慢慢了解了莲花的生长习性、生存环境，积累了丰富的认识。

在《西游记》中，南海观音在普陀山有一个莲花池，里面种满了莲花，十分漂亮。莲花座也分品级，如来佛祖的莲花座是最高一级的九品莲台，观音菩萨的莲花座则是五品，这些莲花座都来自观音菩萨的这个莲花池。这个池中的荷花，未开之前花瓣呈现闭合状态，透过层叠的透明花瓣可以清晰地看到花朵中心的金色花蕊。它盛开之后永不凋落。这种荷花没有叶片，只有少量的卷须将花朵衬托，每长一年，卷须就会增加一根。在夜间观音莲花池中的荷花会因发光的花蕊而发出点点亮光，映照得整个莲池如梦似幻。而且莲花池中的荷花不会因折断而凋零。

观音莲花池中还养着很多金鱼。据说有一条金鱼，总是在观音菩萨讲经的时候从水中探出脑袋仔细聆听，时间久了倒聚集了些灵气在身上，与其他金鱼越发不同。后来它竟然修炼成人，把莲花池里一朵未开的莲花拿去锻造成了一柄九瓣铜锤，去了人间。唐僧师徒走到通天河的时候，听当地村民说，他们每年都要给当地神灵贡献一对童男童女。

这哪是神仙能干出来的事？师徒几个当下判断是有妖怪在附近作乱，决定留下来帮助村民们解困。于是孙悟空和猪八戒两个人变身为童男童女，想要趁妖怪不注意，打一个措手不及。谁知道妖怪武功比想象中还要高强，他们俩没能一举成功，只是打掉了妖怪身上的几片鳞片。这妖怪正是观音菩萨莲花池里的那条听经的金鱼，它没有受到正向的洗礼，反倒去人间作乱，自称灵感大王。这妖怪吃了这场败仗，又知道唐僧已经到了通天河地界，怎么肯罢手，随即冰冻了通天河。唐僧从冰上过河的时候，灵感大王故意把冰层碎掉，使唐僧落水，随即把他拖到了水底。唐僧的徒弟几人又上门打了几回，妖怪见有败势就逃回水中，总不能见输赢。最后孙悟空去找了观音菩萨，菩萨出面用紫竹林里的竹子编了个竹篮，把灵感大王逼回了原形，一篮子就挑了回去，又放在莲花池中。

月桂树

旧言[1]月中有桂，有蟾蜍，故异书[2]言月桂高五百丈，下有一人常斫[3]之，树创随合。人姓吴名刚，西河人，学仙有过，谪[4]令伐树。

——《酉阳杂俎》

吴刚

1. 旧言：传说。
2. 异书：记录奇异故事的书籍。
3. 斫（zhuó）：用刀斧砍。
4. 谪（zhé）：贬谪。

译　文

传说月亮上有棵桂树，有只蟾蜍，所以有一本记录异象的书中记载着，月亮上的桂树有五百丈高，树下有一个人一直在砍树，树被砍出创口马上又合在了一起。这个人叫作吴刚，是西河人，他在修炼的过程中犯了错误，被贬到月亮上砍树。

⊙ 月桂树叶特写

⊙ 桂花特写

⊙ 月桂树枝特写

⊙ 月桂树干特写

砍不倒的不死树

古时候，人们发现月亮上有朦胧的阴影，形状看起来很像桂树，自此月亮上有桂树的说法就渐渐传开。可是有那么多种树，为什么单认为是桂树呢？这可能与它代表的美好寓意分不开。桂谐音"贵"，桂树一直是人们心中的吉祥树。《说文解字》说，桂是"百药之长"，认为它的药用价值很高，治百病、养精神、和颜色，常常服用能面色红润，不容易衰老。花能生津化痰，果能暖胃散寒，根可以祛风湿、止腰痛。桂花不仅很好看，还能酿酒、泡茶，风味甜美独特。桂树常见，又和人们的生活紧密联系在一起，因此把月亮上的神树联想成桂树，就能理解了。

古人认为，月亮上的桂树高五百丈，叶面光滑，花朵芬芳异常，多朵花聚合在一起，花簇像小伞一样。因为生长在月宫这样独特的位置，所以它的枝叶间也附着月亮的神秘印记，叶片间闪烁着月亮般的阴晴圆缺，由枝头到根部的形状依次由新月过渡到满月，颜色也由金黄色渐变为墨绿色，金色桂花还是美味的食材。

我们都知道传说中的嫦娥居住在月亮上的广寒宫里，她是英雄后羿的妻子，因为偷吃了西王母赏赐的仙丹飞到了月亮上。

上面还有一只蟾蜍，叫作银蟾，月宫也被叫作蟾宫，这是因为月亮上的阴影看起来就像蟾蜍身上的纹路，因此有了这样的联想。有个成语叫作"蟾宫折桂"，把月亮上的桂树和蟾蜍联系在了一起，蟾蜍攀折月宫里的桂花，本来指考中科举，后来用来形容金榜题名，或者取得很大的成就。月亮上还有一个人，叫作吴刚，他想要修道成仙，但在学习的过程中犯了大错，惹得天帝大怒，于是被罚到月亮上砍月桂树。天帝告诉他，如果他能伐树成功，就可以获得仙术，飞升成仙。但这棵桂树有超强的自愈能力，是不死树，吴刚每砍一下，树的伤口都会随即愈合如初，不留下一点痕迹。这就意味着桂树永远也砍不断，吴刚永远都无法离开这里，也永远不能修仙成功。吴刚就像中国版的西西弗斯，被要求去完成一个绝对不可能完成的任务，不断重复，毫无希望，像走入一个命运的黑洞，在无效无望的劳动中消耗自己，而成仙的愿望越发遥不可及。这甚至可以说是极端恐怖的惩罚了。

月亮上的桂树是不死之身，但其他神树并不是毫无下手之处。沙悟净的兵器降妖宝杖传说是用月宫上的梭罗神木做成的，油亮漆黑，重五千零四十八斤，可以变大变小，是鲁班打造的。《西游记》中写道："吴刚伐下一枝来，鲁班制造工夫盖。"可见这梭罗神木也在月亮上，还是被吴刚砍伐下来的，因此很多人认为这就是桂树的枝干，可这就不符合桂树自愈的说法了。更有可能的是，吴刚除了在月亮上接受惩罚，还做了些伐木的

"兼职"，让月亮上的神木发挥了更大的作用。

月亮上的桂树因为不死不倒，也成了寿命绵长不绝的一个代表，再加上月亮传说的神奇色彩，月桂和成仙、飞升又联系在了一起，成为一种浪漫、富有诗意的意象。唐代就有精美的月宫镜，背面装饰着桂树的纹样。在传统书画中，月亮上的桂树常出现在与中秋节有关的书画中。人间八月有科考大事，因此桂树也被誉为"科举高中"树。

天雨粟

孝武建元四年，天雨粟。孝元竟宁元年，南阳阳郡雨谷，小者如黍[1]粟[2]而青黑，味苦；大者如大豆，赤黄，味如麦。下三日，生根叶，状如大豆初生时也。

———《博物志》

注 释

1. 黍（shǔ）：去壳后叫黄米。
2. 粟：去壳后是小米。

译 文

　　汉武帝建元四年，天上下了粟米雨。汉元帝竟宁元年，南阳阳郡下了谷子雨，小的谷有黍和粟那么大，青黑色，味道很苦；大的有大豆那么大，赤黄色，味道像麦子。下了三天，落在地上生了根，长出的苗像大豆苗。

⊙ 天雨粟的不同
种子发芽特写

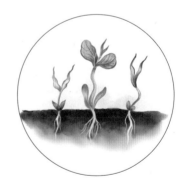

⊙ 地里长出的
不同小苗

敬畏自然的粮食雨

雨粟、雨谷，是粮食以"雨"的形式降落人间的现象。《博物志》中记载了汉朝时，武帝和元帝在位期间发生过粮食雨，掉落的粮食大小不一，连下了三天，掉落在土里就生根发芽，长成了幼苗。汉武帝时，皇帝励精图治，即便天上掉下这么多白捡的粮食，人们依旧积极耕作，把天雨粟加以利用，使得国力更加强盛，国库也越来越充裕，为后期开拓疆土提供了很大的帮助。但是汉元帝时，天灾不断，朝局动荡，即便下了天雨谷，因为平时疏于管理，民风大变，人们纷纷上街来捡便宜，并不加紧劳作，不久后汉元帝也驾鹤西去，这一场好"雨"没能救一朝百姓。因为这场"雨"的出现，后来也有了粮食雨是大旱饥荒预兆的说法。

《淮南子》中也提到了天雨粟，曰："昔者仓颉作书，而天雨粟，鬼夜哭。"黄帝时，仓颉把先民流传的文字都搜集起来，做了整理和规范。传说仓颉非常聪慧，长着四只眼睛，通过观察星星的运动轨迹和动物的活动姿态来创造文字，为汉字的普及做出了非常大的贡献，因此人们称他为"造字圣人"。古时候，因为生产力低下，许多人和自然的问题人们无法解释，那么就用鬼神来解释。但是文字的出现打破了这一切，就像剥夺了天的权力、鬼神的权力。有了文字，所有生产资料、生活经验都可以被记录下来，并能传播得更远；有了文字，交流打破了地域和时间的限制，出现了传承；有了文字，人类的文明和思想开始向纵深发展，真正进行了思维的开发和利用。这样看来，造字的仓颉再怎么被夸赞都不为过。

文字的出现加快了生产力的发展，就像粮食从天上掉下来；许多问题大白天下，连鬼神也没了秘密，所以才说"天雨粟，鬼夜哭"。我们现在知道，天上是不可能下粟雨的，这跟俗语说的"天上掉馅饼"没什么区别，都是坐享其成的空梦，但古人还是会创造出这样的场景，借此表达内心的情感，既生动有趣，又充满想象力。

《史记》中讲了这样一个故事，战国时，燕国太子丹与未来的秦王嬴政都在赵国做人质，两个少年十分交好。后来嬴政回到秦国称王，太子丹又到了秦国做人质，但却没有得到老友的照顾。《论衡》中记载，太子丹求秦王放他回去，秦王说："等天上下了谷子雨，乌鸦白了头，马生出角来，厨房门上的木象长出了肉脚，我就放你回去。"在秦王看来，这一桩桩事情都是不可能发生的，少年情谊到此时已经物是人非。可就在当时，秦王苛刻要求的这些事情，竟一件件实现了，天上真的下了谷子雨，有一只白头的乌鸦飞过，马也生出了犄角，木门上的象也长出了真的脚，因此秦王只好放太子丹回了燕国。之后太子丹想要报复，他就请荆轲去行刺秦王，最后荆轲行刺失败，太子丹计划败露，只好逃走。因为这个故事，"天雨粟"成为用来形容"绝不可能"的一种表达。

天上下粮食雨，这是农人梦寐以求的情景，因为粮食是生存的根本，不用劳作就有收成，想来就是极畅快、极爽利的事。但劳动人民依然是质朴的，他们明白没有不用付出劳动就能换来的成果，只有踏踏实实耕耘，才会有稳稳当当的收获。所以绝不可能的"天雨粟"，也是古人具有大智慧的体现。

邓林

夸父与日逐走[1]，入日。渴欲得饮，饮于河渭，河渭[2]不足，北饮大泽。未至，道渴而死。弃其杖，化为邓林。

——《山海经》

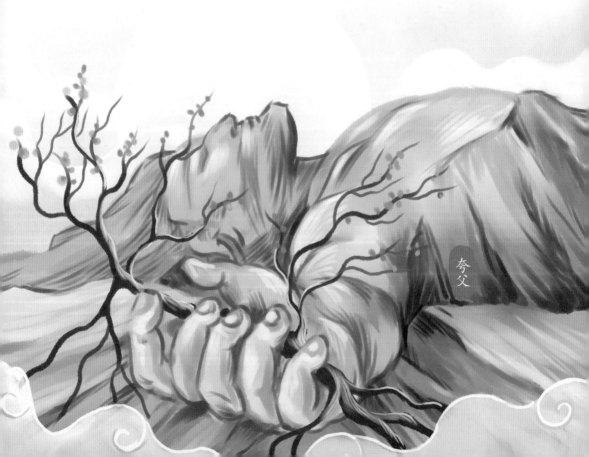

1.逐走：赛跑。
2.河渭：指黄河与渭河。

译 文

　　夸父和太阳赛跑，追到太阳落下去的地方。夸父很渴，想要喝水，就喝黄河和渭河水，他把河水喝干了，就要去北边喝大泽里的水。他还没跑到大泽，就在半路渴死了。他死时丢掉的手杖，变成了邓林。

⊙ 果实示意图　　　　　　⊙ 树叶，如桃树叶　　　　　　⊙ 花朵，如桃花

夸父手杖的化身

夸父逐日是《山海经》中一段家喻户晓的上古神话故事。从《山海经》中我们可以推断出，夸父是炎帝的后代，和撞倒不周山、让天地倾斜的共工是同一血脉。这个家族就有魁梧壮硕的基因，所以传说夸父身形巨大，不似常人。

夸父想要追逐太阳，于是每天都追着太阳奔跑，即便是他这样的身形和速度，也一直无法追到，但他仍旧坚持不懈。他跑得口渴了，就喝黄河和渭河里的水，都喝光了，就跑去北边的大泽里喝，但还没跑到就在路上渴死了。他的手杖化成了邓林。

我们一定惊讶于夸父逐日的行为。太阳那么遥远，他却一心想要追上它。《山海经》说夸父是因为"不量力"，才未到地方就渴死了。但后人并不这么认为，陶渊明就有诗曰"夸父诞宏志，乃与日竞走"，赞扬夸父志向远大。即使人类知道无法真正地征服自然，知道自己与大自然相比简直是微不足道，也要踏上征途，花上千万年的时间不断探索大自然，这种精神多么值得赞颂啊。向更高的目标发起挑战，并为之努力，是值得尊重的，所以夸父逐日的故事才流传下来。

　　也有人会质疑，就算夸父特别高大、一路上的体力消耗特别惊人，也不会喝完了黄河、渭河里的水，还生生被渴死吧，这里面是否有阴谋？一种说法是，夸父逐日象征当时整个部族的迁徙历史，正是因为原来的生存环境变得越来越恶劣，大家才要远途迁徙。河湖里的水不一定是被喝完的，而是因为干旱致使河道干涸，庄稼颗粒无收，鸟兽也早已四散。结果还没有找到新的家园，部族就消失在了寻找的路上，非常凄凉。另一种说法来自《山海经》，书中写道应龙杀了蚩尤，也杀了夸父。应龙是上古时代战斗力最强的一条神龙，曾经在黄帝蚩尤大战中起到关键性作用，还帮助大禹治水。他有可以凭空调配水流的神力，所以抽走黄河、渭河乃至大泽里的水倒不是难事。如果是他抽走了河流，致使夸父渴死路中，也就能解释为何《山海经》中既说夸父是渴死的，又说应龙杀了夸父。但应龙作为令人尊崇的上古神兽，下杀手背后的原因是什么呢？可能性比较高的原因是，应龙作为黄帝的忠勇帮手，为了稳固黄帝的统治，才要对炎帝的后代夸父做些手脚。

夸父死后，他的手杖变成了邓林，也就是桃林。这是一片非常大的树林，广约数百里。也有人说邓林其实只有两棵树，但因为太过繁茂，密叶参天，树冠遮连，看起来就如同一整片树林。邓林中后来有了一汪湖水，从夸父山中缓缓向北流出，最终注入黄河。依靠着河水，林中的生物逐渐增多，植物郁郁生长，附近开始出现居民，慢慢变得富饶起来。

掌中芥

有掌中芥，叶如松子[1]。取其子置掌中，吹之而生，一吹长一尺，至三尺而止，然后可移于地上。若不经掌中吹者则不生也。食之能空中孤立，足不蹑[2]地，亦名蹑空草。

——《洞冥记》

1.子：种子。

2.蹑（niè）：踩。

　　有一种草叫作掌中芥，叶片的轮廓像松子。把它的种子放在手掌中，朝它吹气，它就会生长，吹一下长一尺，长到三尺就不会再长了，之后可以把它移植到土里。如果没有把它放在手掌中吹气，它就不会生长。人吃了它可以在空中站立，脚不踩地，所以它也叫蹑空草。

⊙ 草叶特写

⊙ 籽特写

手掌中生长的仙草

我们认识的大多数植物种子，都需要被埋在土壤里或放在水中，才可以生长。但在中国古代神话中有一种仙草的生长方式非常特别，只有把它的种子放在手掌中并且对着它吹气，它才能萌芽。

这种仙草就是掌中芥，又名蹑空草，草如其名，人吃了它就能双脚离地，在空中直立。它的颜色青翠，叶子像松子，种子像芥子，一颗颗的，很好剥落。把这些种子放在手掌中，吹一口气，它就能长一尺多，再吹会继续生长，长到三尺左右才停止。

掌中芥萌芽后，可以把它移种到土里，渐渐地它就长出成熟的叶片。随着草叶的生长，叶片的颜色也会发生变化，成熟的叶片是暗绿色的，会长出芥子一样的种子。把成熟的叶片摘下来后尽快服用，能让人在空中站立。而最顶端未成熟的叶片则透着浅红色，还不具备神奇的异能。让掌中芥的种子萌芽只需要三口气而已，但据说掌中芥的叶片成熟时间可能会有数十年，可见如果想获得双脚离地的异能也很困难。

《镜花缘》的主人公唐敖就曾经遇见过掌中芥。他与好友多九公、林之洋出门巡游的时候途经东口山，听说山上景致特别好，就停船靠岸上了山。在山上，他们发现了许多奇花异草，还遇到了精卫鸟。唐敖顺手摘下了一棵草，剥掉种子，吃下叶片，把手中的种子吹掉，没想到顿时长出了新的草叶来。多九公告诉他们："这个叫蹑空草，种子在人手掌中吹一下才能发芽。山上平时没什么人，它不吹不生，因此不是很常见，吃了能让人在空中站立。"三个人也都是第一次见到这种神奇的植物，都想看看它有没有这样的神奇异能，于是唐敖使劲往上一蹑，竟然蹑出了五六丈的高度，双脚还能像踩在平地上一样立住不动。林之洋笑他说："妹夫这就是名副其实的'平步青云'了。"唐敖还想试试可不可以在高空行走，结果在空中刚迈了一步，就落了下来。既然横向行走不行，那一直纵向升高是否可行呢？于是，唐敖想试着一步步"跃"上旁边的枣树摘一些大枣。他向上跃一下，仍升高五六丈，停住稳了稳后，再用力向上跃，却感觉身体像蝉翼一样轻轻地飘落下来。多九公见状感叹道："看来这掌中芥只能借力向上，你在半空中无依无凭，没法发力，怎么会不掉下来呢？真能一步步就这样登高上去的话，那人不是早能到天上去了，一天去多少回都可以，哪有这种好事？"可见掌中芥虽然是神物，但也没有神通广大到能让人凭空使力，还须脚踏实地，才有力可借。这与做人的道理是一样的，一步步、踏踏实实地做事，才能走得远、走得高。

说到小说中的唐敖，他是个特别有"主角光环"的人。他在科举考试中受到压迫，于是弃绝红尘，去海外游历，一路行善，救了许多人。救人需要用钱，他恰好有钱；救人需要懂得医术，他又恰好懂医术；甚至救人需要翻越高高的围墙，他就恰好吃过掌中芥，这种仙草助了他一臂之力，可以说是实力和幸运并存。

瑶草

又东二百里，曰姑媱之山。帝女死焉，其名曰女尸，化为瑶草，其叶胥成[1]，其华[2]黄，其实如菟丘[3]，服之媚于人。

——《山海经》

瑶姬

大禹

1.胥（xū）成：相互重叠。
2.华：花朵。
3.菟（tù）丘：即菟丝子，一种缠绕寄生的植物。

译 文

再往东两百里，有一座山叫作姑媱山。天帝的女儿死了，名叫女尸，化作了瑶草，叶片重重叠叠地长在一起，花朵是黄色的，果实像菟丝子，女子吃了它可以变得妩媚而讨人喜欢。

⊙ 花朵与果实特写

神女瑶姬的化身

　　《山海经》中说，鼓钟山向东两百里有一座姑媱山，炎帝的女儿瑶姬死后就埋在这里。她是个远近闻名的美女，肌肤如雪，风姿绰约（chuò yuē），从不吃人间的五谷杂粮，而是餐风饮露。她自幼生活在天上，每天流连于花园，平日出门都乘祥云、驭飞龙，性格活泼开朗、天真可爱，是炎帝最喜欢的女儿。这样一个帝王家的公主，还未出嫁就生病去世了，令人惋惜。

　　也有说法是，瑶姬死后葬在了巫山，因此后人叫她巫山女神。她死后化成了瑶草，是一种吃了能改变容貌的神草，让人变得明艳好看、妩媚动人、招人喜爱。它的叶片一层层紧密地长在一起，有黄色的花朵点缀在繁茂的叶片之间，果实很像一种叫作菟丝子的寄生植物。也许是因为这棵草注入了瑶姬的心血，因此花朵长成了惹人喜爱的心形，时刻散发着活泼可人的魅力。

　　瑶姬曾经帮助大禹治水，她敬佩大禹的奉献精神，可怜陷于水深火热的灾民，于是传授给大禹制服妖魔的方法，不仅帮助大禹解了巫山之困，还赠予了大禹一本防风治水的书，后又派人挖出山中峡道，让此地常年不受水灾侵扰，因此得到了当地百姓的爱戴。人们为了纪念她，把巫山最美的一座山峰看作她的化身，取名神女峰。

在百姓眼中，神女是保佑之神，为行船之人保平安；在文人墨客心中，她则是美丽飘逸的化身。战国时期楚国的辞赋作家宋玉在《高唐赋》中写过楚怀王与瑶姬的一段佳话。楚怀王到高唐游猎，听到美妙的乐声响起，周围香气四溢，祥云密布，看到神女来临，倾慕之情溢于言表。神女向楚怀王介绍自己，并说我愿意为您铺好枕头和席子，以示爱意。第二天离别前，她告诉楚怀王：我就住在巫山的险要处，那里清晨是云，傍晚是雨。梦醒后楚怀王发现一切只是虚幻，差人四处去寻找神女的踪迹，却怎么也找不到，而巫山的确如神女说的一样神秘美妙，可谓"旦为朝云，暮为行雨"，所以楚怀王为她建造了庙宇，叫作"朝云"，以表怀念。在古代，女子为了表达爱意，愿意主动为心上人铺上寝具，这是十分奔放大胆的行为，所以在文人心中，瑶姬成为女性勇敢追爱的典型形象。

宋玉把这个故事讲给了楚襄王，楚襄王对神女产生了无限向往，晚上做梦真就梦到了瑶姬。她果然体态艳丽，衣着华美，圣洁不容侵犯，令楚襄王欲近不敢，欲舍不能。楚襄王向瑶姬表白，结果却被拒绝了，这是宋玉另一篇《神女赋》中的故事。这两篇赋流传很广，一方面在人们的脑海中加深了瑶姬是绝世美女的印象；另一方面也把瑶姬和忠贞且肆意的爱情联系在一起，慢慢形成了一种文人心中的神女情结。

瑶姬是集所有美好特质于一身的女性代表，她化成的瑶草也被贴上了"美"的标签。瑶草是神话传说中难得的"保养品"，人吃了能养肤驻颜、永葆青春，因此令众多女子争相索求。宋朝诗人邓林有一句诗曰："宁作钟离春，勿学姑瑶草。"这里的姑瑶草就是瑶草，钟离春则指的是钟无艳，她是一位历史上有名的丑女，但聪慧过人、才华横溢，因帮助齐王治理国家而留下美名。这句诗想表达的意思是，女孩子不应只在意外在美而对瑶草特别钟情，智慧、才华等内在气质一样是十分重要的。

蔓金苔

晋时外国献蔓金苔，萦[1]聚之如鸡卵[2]。投水中，蔓延波上，光泛铄日[3]如火，亦曰夜明苔。

——《酉阳杂俎》

1. 萦：围绕、缠绕。
2. 鸡卵：鸡蛋。
3. 铄（shuò）日：铄通"烁"，光亮的样子；烁日，指烈日。

外国向晋国进贡蔓金苔，聚合在一起的样子有鸡蛋那么大。把它放在水中，藤蔓在水里延长展开，发出烈日一样的光亮，也叫作夜明苔。

⊙ 蔓金苔发光的效果

⊙ 蔓金苔伸出来的
叶片特写

自发光的水上火焰

　　在古代，光的重要性远远超出我们的想象，因为太阳下山后就没有了光，人们只能停止一切劳作和娱乐，进入难熬的黑夜。"日出而作，日落而息"这句谚语便是古人跟随自然规律生产休息的生活写照。《楚辞》中有"兰膏明烛"，说明战国时已经有了用来照明的油灯和蜡烛，那时燃烧的主要是动物油脂，后来也有用植物油的，富贵人家还会在灯油中加入香料，点灯时就能散发出阵阵清香，以掩盖油脂燃烧产生的味道。而那些买不起油灯或蜡烛的人为了能在夜里多读书、多做事，想尽办法去获得光，这也是"凿壁偷光""囊萤映雪"中主人公的想法。

　　因为渴望"光"，所有夜里能发光的东西在古人眼中都是珍贵而奇特的。而在祖梁国生长着一种可以自己发光的苔藓，叫作蔓金苔，也叫夜明苔。白天时，它就和普通的苔藓一样，一旦到了晚上，它就会发出一簇簇金光，好像萤火聚在一起，可以用来照明。它生活在水中，在水面舒展开来，随着水波浮动，形成了流动的金色火焰，十分好看。祖梁国把这种蔓金苔进献给晋朝皇帝以示友好，这算得上是非常贵重的礼物了。在当时，只有王公贵族才有资格享用被光芒照亮的夜晚时光。见到这种会自然发光的神奇植物，晋朝皇帝当然十分喜欢，还在宫中特意为它建造了约百步宽的水池。每到夜晚，水池上金光流动，成为一处景致，路过的人都忍不住看一眼。

因为稀有，皇帝也会把蔓金苔作为贵重的奖赏，赐给宫中之人，谁能得到它，既是得到一份荣宠，也会引领一阵风潮。人们把它放在漆器里，就能把整个屋子都照得金灿灿的，十分贵气，是特别好的装饰品；放在衣服上，又好像鬼火上身，看起来神秘又诡异。不过，事物总有两面性，光在当时如此珍贵，能使人们在夜晚的生活更加便利；但也因为在夜晚中缺少光，很多人会觉得夜晚中的光很恐怖。皇帝担心有人利用它迷惑普通百姓，于是拆了池子，除掉了蔓金苔，自此以后，外人再也不能得到蔓金苔了。

除了会发光之外，蔓金苔的其他特性就与普通苔藓相似了。它喜欢阴湿的环境，没有明显的根，茎、叶也不像其他植物那样容易辨认。它不用被栽种在土壤中，从种子开始的整个生长过程都可以在水中进行。成熟后的蔓金苔呈一团团的椭圆形状，大小如同鸡蛋，连成一片看起来就像金色的波浪。人们采摘蔓金苔时，需要先在工具表面涂抹上漆，再轻轻触碰，它们便会分开。

蔓金苔的寿命只有十几年。晋朝皇帝把皇宫里的蔓金苔除掉后，被赏赐出去的那些由于没人懂得培育方法而慢慢死掉，蔓金苔的数量就这样逐渐减少，直至消失。蔓金苔消失的过程，也是人们大力开发光资源的过程，光不再像从前那样稀缺，会自发光的奇异花草自然就不那么容易让人觉得恐怖了。可惜如今，我们再难寻觅到它们的身影。

风声木

东方朔西那汗国回，得风声木枝，帝[1]以赐大臣。
人有疾则枝汗，将死则折，里语："生年未半枝不汗。"

——《酉阳杂俎》

东方朔

注 释

1.帝：指汉武帝。

译 文

　　东方朔从西那汗国回来，得到了风声木的树枝。汉武帝把它赐给了大臣们。人生病的时候风声木枝会流汗，人将要死的时候风声木枝会折断，俗语："生年未半枝不汗。"

⊙ 花朵特写

⊙ 果实特写　　　　⊙ 枝干渗水

预知寿岁的枝干

汉武帝时有谋臣东方朔，才思敏捷，机智幽默，是西汉时非常著名的辞赋家。他不仅能写好文章，还会变戏法，很多人称他为魔术界的开山鼻祖。他似乎拥有多种具有神秘色彩的能力，所以慢慢被"神仙化"。传说东方朔拜了东华帝君为师，还几次偷了西王母的蟠桃，寿命很长，最后得道成仙。

东方朔游历很广，连汉武帝都常向他求仙问道，他也总是从遥远的国家带回来许多奇珍异宝献给皇帝。有一次，他从西那汗国带回了十根树枝，树枝上没有枝杈和叶片，光秃秃的，只有些大小不一的孔洞，看着十分破烂。他与皇帝说这是十分难得的宝物，众臣子惊疑，这些手指粗细的破树枝会有什么特别之处呢？东方朔解释说："这种树木生长在西那汗国的暴风山上，终年暴露在大风中，久而久之就不长叶子了，但枝干经过暴风的洗礼十分挺拔遒劲。枝干上有大小不一的孔洞，一来能分散风吹来的力量，使自己屹立不倒；二来也正因为有这些孔洞，使得它总是发出类似玉器相撞的声音，十分悦耳，因此这树的名字叫作风声木。"

风声木通常有3米多高，树枝像人的手指一般粗细，虽然没有叶子但还是会开花，花朵为绿色，花瓣呈椭圆形。风声木生长5000年后会从树枝内部渗出水，木质变得潮湿，然后生长出新的枝芽。它新抽出的枝芽是淡绿色的，成熟之后会变成与树干相同的暗灰色。经历过汗湿后的风声木，生长上万年也不会枯萎。万年之后，即使风声木枯萎，经历一段时间也可以死而复生，重新生根发芽。也许是生存环境太过恶劣，才造就了风声木强大的求生能力，所以既能存活万年，又能起死回生，但它的神奇能力并不只有长寿这一项。

东方朔说风声木是极有感知力的异树，能够知晓祸福。汉武帝把这些树枝赐给了大臣们，日后发现，每当风声木的枝干像流汗一样渗水不止时，就有人即将遇凶险或得病；而每当树枝突然自己断成两截时，一定有人即将遇难。风声木成了灾祸的预报员，树枝有异样，主人就要当心了。当时有句俗语是"生年未半枝不汗"，这里的"枝"说的就是风声木，意思是说人生没过半，还未到老年，风声木不会出汗，主人也就不会遭遇什么凶险或疾病。

古人对长寿一直孜孜以求，风声木虽然不能直接为人增寿，但许多长寿的异人也都拥有属于自己的风声木，把它当作身体状况的"晴雨表"。据说老子和偓佺（wò quán，古代传说中的仙人）也曾经得到过风声木的树枝。老子 700 岁时，所佩戴的风声木都没有潮湿的现象；仙人偓佺活了 3000 余年，佩戴的树枝也没有折断。身世神秘的东方朔自己也留了一根，他曾对汉武帝说自己的风声木树枝已经死而复生三次了，所以他的年纪一直是个未知数，这更增添了几分神秘。

蜻蜓树

娄约居常山，据禅座。有一野妪[1]，手持一树，植之于庭，言此是蜻蜓树。岁久，芬芳郁茂。有一鸟，身赤尾长，常止息[2]其上。

——《酉阳杂俎》

注　释

1.妪（yù）：年老的妇人。

2.止息：停息。

译　文

娄约住在常山上，有一天正在禅座上打坐。有一个老妇人，手里拿着一棵树苗，把它种在庭院中，说这叫蜻蜓树。时间久了，长得芬芳茂盛。有一只鸟，身体是红色的，尾巴很长，总是在这棵树上休息。

⊙下垂的蜻蜓树花

⊙ 蜻蜓树的果实

⊙ 蜻蜓树的叶片

果实美过花朵

古时候有一位著名的僧人名叫娄约。有一天他正在打坐，宅院里进来一个老妇人，谁也不知道她来自哪里、叫什么，只见她手里拿着一棵树苗，默默地栽种在了庭院中。种完后，只介绍说它叫作蜻蜓树，然后就离开了。

娄约知道这件事后，觉得老妇人很不简单，便派人去找，却怎么也找不到。他思来想去，觉得这或许是上天降下的福祉，于是对这棵蜻蜓树悉心照料。几年后树木成年，长得越发茂盛，枝干散发出奇香，一年香过一年，味道沁人心脾，闻了让人心旷神怡。树上开的花是串状的，嫩黄泛绿，叶片大而舒展。最奇特的是，这棵树上结的果实比花还要美丽，刚结时呈嫩绿色，成熟后变成橘红色，像是展开翅膀的蜻蜓，一个个地点缀在树梢上。枝条随风摆动，"蜻蜓们"齐齐飞舞，大家也就明白了它名字的由来。

现在来看，蜻蜓树其实就是一种槭树，是著名的观赏树种。槭树有很多种，其中有一些种类俗称为枫树，还有一些则和当年老妇人种下的蜻蜓树类似，比如复叶槭。它们的叶片和枫树一样有五个尖头，像摊开的手掌，花朵长在树梢上，一串耷拉下来，是黄绿色的。花朵掉落后，树枝上慢慢结出果实。果实外包裹着两片如同展开翅膀一样的荚，荚的顶端是粉红色的，一个个从茂密的叶片中冒出头来，远看就像美丽的蜻蜓停留在树上。

《酉阳杂俎》中记载，娄约庭院里的蜻蜓树成年后，总有一只红色的长尾鸟飞来树上歇脚，自此之后，此地一直平安顺遂、毫无灾祸，所以人们认定这棵树一定是吉祥瑞树，猜测这只鸟也许是上古神话中的朱雀鸟，于是纷纷前来祈愿。现在来看，树上的红色神鸟也许只是人们对蜻蜓树果实"蜻蜓翅膀"的一种神化联想，因为形态有趣、十分美丽，又栽种在娄约这位高僧院中，所以传着传着就越来越夸张，把略带红色的"蜻蜓果实"说成是红色的吉祥鸟。人们就这样用充满想象力的故事，寄托了生活安定、富足的朴素愿望。蜻蜓树不见得真有神力去帮助人们实现愿望，但它作为一个吉祥的符号，至少带给了人们期待和憧憬。

扶桑

大荒[1]之中，有山名曰孽摇頵[2]。上有扶木，柱三百里，其叶如芥。有谷曰温源谷、汤谷[3]，上有扶木，一日方至，一日方出，皆载于乌[4]。

——《山海经》

注 释

1. 大荒：边远荒凉的地方。

2. 羝（dī）：公羊。

3. 汤谷：即旸（yáng）谷，传说中是日出的地方。

4. 乌：此处指三足金乌。

译 文

在边远荒凉的地方，有一座山叫作孽摇羝。山上长着扶桑木，像柱子一样，覆盖方圆三百里，叶子像芥菜。山中有一个山谷叫作温源谷或汤谷，上面也有扶桑木，一个太阳刚到达这里，另一个太阳就升起来了，它们都被三足金乌驮在背上。

⊙ 树叶特写

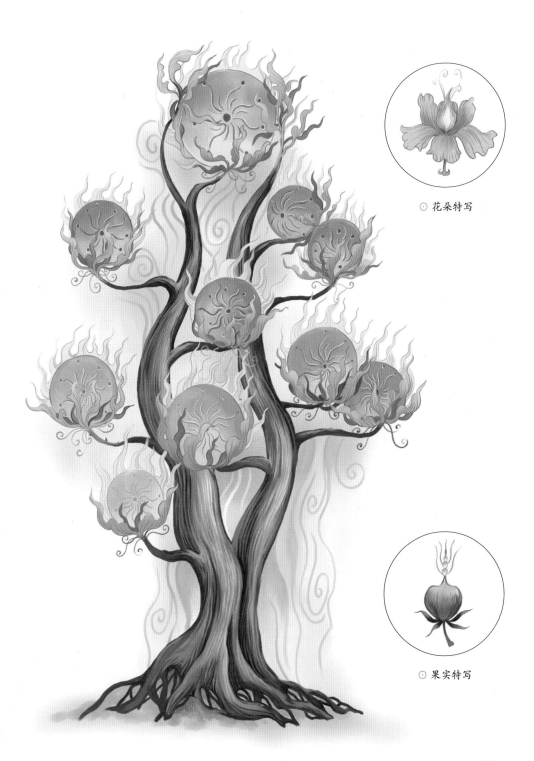

⊙ 花朵特写

⊙ 果实特写

太阳升起的地方

太阳崇拜是世界古代文明史上比较普遍的一种崇拜。在我国古代，人们最早信奉的太阳神叫作羲和，她一共生下了十个太阳，分别由一只有三只脚的金色乌鸦负载着。作为掌管太阳与时间的女神，她每天都要驾着太阳金车，带着其中一个孩子，从东方出发，在天空中巡游一圈，再在西边停下，周而复始，给地上的人们带去光明和温暖。《山海经》中说，这十个太阳的家就在汤谷一棵巨大的扶桑树上。屈原在《九歌》中的诗句"暾将出兮东方，照吾槛兮扶桑"就是在歌颂太阳神：太阳带着温煦的光彩从容地从东方上升，阳光从扶桑那个地方穿透过来，照着我房前的栏杆。诗句中点出了扶桑树的所在地就是太阳升起的地方，因此后来扶桑也代指极东的位置。

扶桑由于与太阳有密不可分的联系，也成为常见的东方图腾，人们用它来表达对光明的崇拜。我国的三星堆遗址出土过青铜树，是国家一级文物，也是世界范围内最大的青铜文物。青铜树上站着九只鸟，人们认为它们就是传说中代表太阳的三足金乌，除了这九只鸟之外，应该还有一只正在和太阳女神羲和执勤，或者树的顶端本还有一只却已经遗失。而这棵树，非常可能就是扶桑树。在古代神话中，扶桑神树十分大，覆盖了方圆三百里的地方，所以能承载十个太阳。最神奇的地方是，木头是古人常用的燃烧材料，但扶桑树却能耐高温、不易燃。它还非常高，《玄中记》中曾说，扶桑上能达天际，下能通地府。人们猜测，它处于人间、神界、冥界三地的连接处，如天柱一般，能送人到天上和冥界。羿当年就是站在扶桑树上，射杀掉十只金乌中的九只，同时也踩坏了树，从此三界不再连通。

《海内十洲记》中说，扶桑是两棵同根的神树，相互依倚，所以才叫作扶桑。它的树叶是直接从树干侧方伸展出去的，树叶有三轮，每轮有六片左右。相传扶桑树也有果实，是红色的，九千年才成熟一次，味道甘甜香美。

古书也有记载，在东边很远的地方有一个扶桑国，因为那里有很多扶桑树而得名。现在有人会把日本叫作扶桑国，因为日本总是自称为"日出之国"，并且也在我国东边的位置。其实日本并不符合历史记载的扶桑国特征。有学者根据对《梁书》的研究得出结论，扶桑国有可能指的是墨西哥，当时已有中国僧人到过扶桑国，所记载的见闻与墨西哥风貌和当时玛雅文明的习俗有相近之处。

现在我们见到的扶桑并不是高大的树木，而是一种开花植物，也是广西南宁、云南玉溪的市花。《本草纲目》中记载，扶桑是木槿种，叶子深绿色，味道微涩，根、茎、叶、花都能入药。它的花有红黄白三种颜色，红者尤贵，叫作朱槿，有单瓣和重瓣，花蕊很长，单独伸出来，十分独特。

枫木

有木生山上，名曰枫木。枫木，蚩尤所弃其桎梏[1]，是为枫木。

——《山海经》

蚩尤

注 释

1. 桎梏（zhì gù）：枷锁，手铐脚镣。

译 文

　　山上有一种树木，叫作枫木。枫木是蚩尤丢弃的手铐和脚镣化成的。

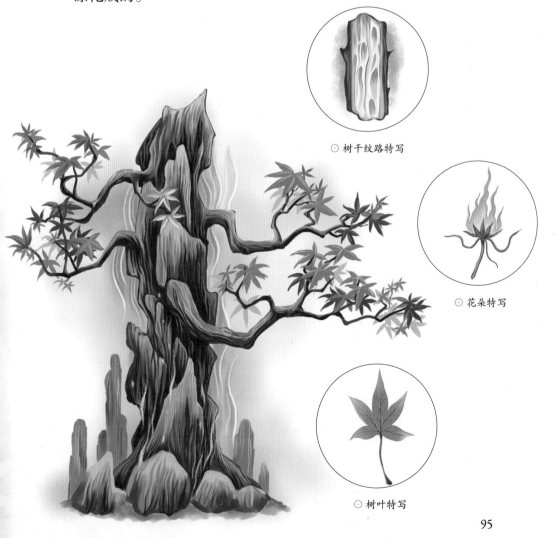

⊙ 树干纹路特写

⊙ 花朵特写

⊙ 树叶特写

苗族的神树

　　《山海经》中写了一座宋山，山上有一条红色的大蛇，叫作育蛇。山上常见的树叫作枫木，也叫枫香树。当年黄帝与蚩尤大战，双方都借用了神仙法力和神兽的力量。最后蚩尤败北，被黄帝捉住，戴上了手铐脚镣，于农历十月被处死。蚩尤死后，他所戴的镣铐就被丢弃在宋山，化成了枫木，枫木林一片鲜红，就是被蚩尤的血染红的。之后每年的农历十月，枫木的叶子都会变红，好像是对蚩尤的一种祭奠。

　　枫木的树干上有鸟眼状和虎斑状花纹，叶片五裂，边缘呈锯齿状，很像现在常见的枫树。有人说枫木叶片上的锯齿特别锋利，配上赤红的颜色，看起来很可怕，让人联想起蚩尤一族的勇猛。宋山上的赤蛇也与蚩尤有关。赤代表南方，蚩尤余部战败后一直向南逃，定居在贵州一带，是苗族的祖先，而苗族确实是个有蛇图腾的少数民族。所以《山海经》宋山的这段描写，被认为暗指了蚩尤后代的所在。

　　蚩尤族信奉枫木神灵，这也与苗族的习俗相似。几乎每个苗族村寨都有一棵高大挺拔的枫树，人们每逢节日会祭拜供奉，祈求平安。人们不能随意砍伐千年的古枫树，如果它自然死亡，才会在族长的主持下被砍掉，成为重要的祭祀和生活材料。枫树是苗族的神树，在他们的传说故事中，苗人的先祖蝴蝶妈妈是从枫树心里生出来的。有了她，才繁衍出众多苗族后代，所以枫树被他们尊为神树。黔东南的苗族还流传着一首古老的歌谣《枫木歌》，讲的就是这个故事。苗族人也认为，枫木上附着着蚩尤的灵魂，是蚩尤的不死之躯，因此代表着苗族的起源。他们相信万物有灵，这也代表了古人对自然的敬畏之心。

现在，枫树成为秋季必不可少的一种观赏树种，它树体雄伟，秋叶艳红，让秋季的景色更加丰富灿烂。除了被当作自然景观，枫树木材也由于强度适中、质感细腻，成为制作家具和乐器的上好材料。

护门草

常山北有草，名护门。置诸[1]门上，夜有人过，辄[2]叱[3]之。

——《酉阳杂俎》

1. 诸：之于。
2. 辄（zhé）：总是。
3. 叱（chì）：大声喊骂。

译 文

　　常山的北边有一种草，名字是护门草。把它放在门上，夜晚有人经过的时候，它总是朝着他们大声喊骂。

⊙ 花心特写　　　　　　⊙ 花朵特写

⊙ 叶片特写　　　　　　⊙ 花苞特写

100

看家护院的异草

　　常山的北边有一种叫作护门草的植物，附近的居民几乎都会采集一些，把它挂在自己家的房门前，或者移栽在门前的土里。这种草有看家护院的功能，白天它在门前不声不响，像睡着了一样；一旦到了夜晚便开始尽职尽责地工作。无人经过它倒还安安静静，主人也能安睡，一旦有心怀歹意的人经过，它就会发出响亮的呵斥声，警醒主人，以保护主人家的安全。

　　护门草叶缘呈波浪形，未开的花苞是长卵形，形状像耳朵；全开的花，花心中空，形状很像人的嘴，花色紫红艳丽。所以也有人说，护门草就是因为有人耳朵形状的花苞和嘴形的花朵，才能听能言。它不仅能听声辨位，还能分辨哪些声音是风吹草动或动物经过的声音，哪些声音是人语，不会听见一点动静就胡乱喊叫，否则主人根本无法安睡。更神奇的是，它还能明察人心的好坏，知道谁心里正生出对主人不利的想法。因为通晓人事，所以它不只为主人发出警报的声音，还用合适的语言把歹人骂跑。你可能会问，时间一长，人们知道了护门草的神奇之处，心中有了防备，还能吓着吗？试想一下，如果你是一个深夜想要潜入别人家里偷盗的贼，本就战战兢兢，还没到门口，突然就被大声呵斥，却看不到任何人影，是不是只能连忙逃跑，哪有心思分辨说话的究竟是人还是草？可见护门草的呵斥声一定像极了人，足以迷惑大众。长此以往，常山地区再没有贼人敢在夜间作乱，因此长久安乐，夜不闭户。

护门草的这种功能，足以与现在的智能警报设备媲美了，能说人话，能分辨安全等级，还能及时发出警报。其实，它的出现也反映了困扰当时人们的一大难题——治安问题。大城市里的人，还因为城门看守和守夜执勤的存在而得到基本的安全保障；城外的人只能靠个人的生活经验与智慧，去防范盗贼。赶上乱世，情况或许更严重。平凡的劳动人民对生活没有特别大的祈求，一求风调雨顺，庄稼有收成，家人吃饱饭；二求劳动所得不出意外，能守得住财；三求家庭和睦，人丁兴旺，平平安安。这些朴素的愿望，正是古代神话的底层基石，支撑着无穷想象力的发挥，谱写了一段段美妙的传说故事。

梦草

梦草，汉武时异国所献，似蒲，昼缩入地，夜若抽萌[1]。怀其草，自知梦之好恶。帝思李夫人，怀之辄梦。

——《酉阳杂俎》

1.抽萌：抽芽，萌芽。

译 文

　　汉武帝时，外国进献了梦草这种植物，它像蒲草，白天缩在地里面，夜晚开始发芽。人怀抱着梦草入睡，它能知道梦的好坏。汉武帝思念李夫人，怀抱着梦草睡觉，就能梦见李夫人。

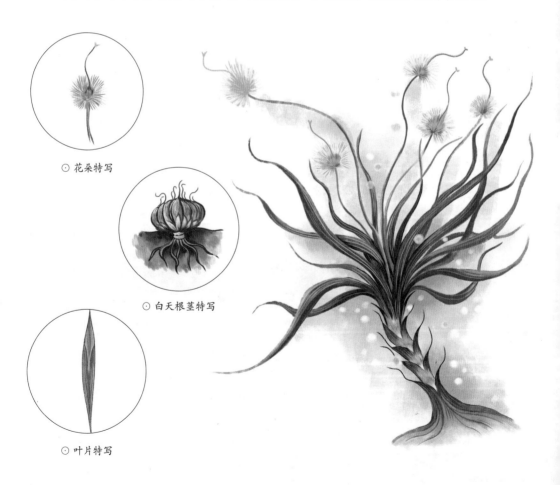

⊙ 花朵特写

⊙ 白天根茎特写

⊙ 叶片特写

美梦成真的助眠草

汉武帝时期国力强盛，各国都来进贡，皇帝因此得到了许多奇珍异宝，很多都令人大开眼界。有一次，外国进献了一种神草，叫作梦草，据说可以令人安眠，还能操控人的梦境。人只要睡觉时把梦草放在怀中，它就能感知到人的情绪，甚至能感知到他在想什么人或事，然后引导他做出相关的梦，让人"心想事成"。但它不光能带来美梦，也能带来噩梦。如果你入睡前正在想一些令你焦虑、恐慌的事，那梦草也会把它实现在梦里，这正应照了"境由心转"这个词。可见即使有了梦草这样的神物，也无法保证你的梦里只出现美好的一面。

梦草长得像蒲草，叶片细长，从底部生长出来，长到高处才散开。根茎被多重窄叶层层包住，看起来一节一节的，能够伸缩。它白天缩在地下，晚上才伸出枝叶来，是夜间活跃的植物。梦草的根茎和叶片都是红色的，与普通的草大不相同。它的花朵开在枝叶的顶端，花瓣像绒毛一样，给人柔软、轻盈的印象。

汉武帝知道了梦草的功用，十分高兴，也许它正能帮助他解决深夜难以入眠的问题。那时，汉武帝宠爱的李夫人因病去世，他十分悲痛，每日郁郁寡欢。李夫人长得极其貌美，很会跳舞，当年就是用舞姿吸引了皇帝的注意。她还为皇帝生下了一个儿子叫作刘髆（bó），但生子时难产，之后就得了大病。生病期间她不肯面见汉武帝，不愿意让他看到自己的病容，每次相见顶多给他看一个背影。可她越是拒绝，皇帝越是想见，从此皇帝在心中埋下了一颗相思的种子。不久后，李夫人就病逝了，她在汉武帝心中留下的都是当年最美丽的容颜。那颗思念的种子迅速发芽、生长，扰得汉武帝日夜难安，再没睡过一宿好觉。他尝试过很多种方法，想让李夫人起死回生，再见她一面，但都无法实现，直到遇见了梦草。得到梦草当晚，汉武帝就把它放在寝榻上，开始回想和李夫人的恩爱过往，结果真的梦见了她，还互诉思念之苦。因此汉武帝十分珍惜梦草，视若珍宝，还为它起了个新名字——怀梦草。

但梦终究不是现实，梦中遇见的人、发生的事都只是我们内心活动的映射，不太可能成真，梦草也只能暂时让人逃避现实中的诸多痛苦，得到片刻安宁而已。《红楼梦》中，贾宝玉为悼念晴雯曾经作过一首《望江南》，其中有一句："想象更无怀梦草，添衣还见翠云裘。脉脉使人愁！"在晴雯死后，贾宝玉非常想念这个相伴许久的人，但却没人能给他一棵怀梦草让他在梦里再见老友。穿上翠云裘的时候睹物思人，这相思之情让人愁。这里怀梦草的典故就来源于汉武帝和李夫人的故事。美梦只是一时的，我们还须在梦醒后认清现实，好好生活才是。

长春树

燕昭王[1]种长春树，叶如莲花，树身似桂树，花随
四时之色。春生碧花，春尽则落。夏生红花，夏末则凋。
秋生白花，秋残则萎。冬生紫花，遇雪则谢。故号为
长春树。

——《述异记》

燕昭王

1. 燕昭王：战国时期燕国的一位君主。

译 文

　　燕昭王种了长春树，它的叶片像莲花，树干像桂树，花朵随着四季变化颜色。春天到了长绿色的花，春天结束时掉落；夏天到了长红色的花，夏末时凋零；秋天到了长白色的花，秋天结束时枯萎；冬天到了长紫色的花，下雪的时候就会凋谢。所以叫作长春树。

⊙春、夏、秋、冬四季的花朵特写

四季不同色的奇景

　　长春树是一种神貌与众不同的奇树。它的树叶不是绿色薄片，而是莲花形状的，随着四季变化而开谢。春天时，叶片蜷缩得像含苞待放的花朵；到了冬天，叶片舒展开来，看上去像竞相盛放的莲花，与众不同。它的树干与桂树相似，平滑又挺直。最奇特的是长春树的花，四季都开，并且每一季都变换颜色。春季，长春树的花朵是绿色的；等到了夏季，绿花逐一掉落，长出红色的新花；到了秋天，红色的花朵被白色的代替；秋冬交接时，白色的花朵也会缓慢凋残，最终长出紫色的花朵。若紫色的花朵遇到落雪，则会凋谢，等待第二年的重生，反复如此。四季常青又常常开花，长春树因此得名，四时颜色各不相同，令人过目难忘。

　　据说，长春树四季不同的花色和五行有关。中国古代的哲学家们用五行来解释万物运行的规律，它是指"气"的一种运行状态。春天属木，代表着万物复苏，"气"向四周伸展，枝头冒出新的绿色，所以长春树的花是"木"的代表色，也就是绿色；夏季属火，不仅因为天气炎热，还因为这时是动植物最活跃的时候，它们快速地生长，天地间热闹非凡，"气"也向上运动，代表色是红色；秋天属金，肃杀萧条，也是收获的季节，"气"向内收缩，人们开始为过冬做储备，代表色是白色、金色、银色；冬天属水，是休眠和积蓄养料的时候，天气寒冷，"气"转而向下，代表色是黑色、蓝色、紫色。长春树一年的花色正符合五行属性，也是大自然循环往复的集中体现。

长春树的主人不是一般人。战国时期，燕国有位君王，史称燕昭王。燕昭王曾被送往赵国做人质，回国后励精图治，广纳贤才，吸引了众多武将谋臣来燕国效力，燕国的国力因此日渐强盛。长春树就是燕昭王在自己宫殿中栽种的，他想借其四季长春的形象，寓意燕国长盛不衰，四季群花相簇，也好比贤才纷至沓来。因此，长春树有着非常美好的吉祥之意。只不过，后来再也没有人见过这番独特的景色了。

现在也有一种名叫长春的植物，但它不是树木，而是四季都可以开花的长春花，也叫四时春。它的花朵有不同的颜色，以红色、粉紫色、白色为主，有五片花瓣，是非常常见的室内观赏花，四季开花不断，花期很长，称得上"长春"，因此人们也赋予了它吉祥的寓意。它的花朵不仅漂亮，而且有一定的药用价值，医学家会从中提取有用的物质，用于治疗癌症。

嘉果

又西北三百七十里，曰不周之山。北望诸毗之山，临彼崇岳之山，东望泑泽，河水[1]所潜也，其原浑浑泡泡[2]。爰[3]有嘉果，其实如桃，其叶如枣，黄华[4]而赤柎[5]，食之不劳[6]。

——《山海经》

1. 河水：指黄河。
2. 浑浑泡泡：大水涌动的样子。
3. 爰（yuán）：这里。
4. 华：花朵。
5. 柎（fū）：花萼。
6. 劳：感到劳累。

译 文

又往西北三百七十里，是不周山。不周山的北边是诸毗（pí）山，邻近崇岳山，东面可以看到泑（yōu）泽，黄河潜流在地下，水流出时发出巨大声响。这里有一种树叫嘉果，果实像桃子，叶子像枣树的叶子，开黄色的花，花萼是红色的，吃了可以让人消除疲劳。

⊙ 根系特写

⊙ 果核特写

⊙ 花朵特写

⊙ 叶子特写

114

消除疲劳的神器

　　《山海经》中记载了在西北海之外非常遥远的地方有一座不周山。这座山异常高峻，山峰耸入天际，支撑着天界和人间，有"天柱"的美称。因此也有传言说如果有人可以登顶不周山，就能进入神界。神仙天境可不是凡人随意进出的地方，不周山上必定有险峻之处，还有神兽守卫。它之所以被称为不周山，是因为古时候人们把不完整称为不周全，这座山上恰好有缺损的地方，所以被命名为"不周"，而这个名字可能预示了它未来被折断的命运。当年共工与颛顼两人争夺帝位时，共工怒撞不周山，支撑天地的不周山当即崩塌，整个天空都向西北倒塌，地面则向东南倾斜，传说这就是日月星辰会转移、河水会向东南方流淌的原因。

　　从不周山向东望可以看到渤泽，这是黄河的源头；向北看能看到诸毗山。不周山从崇山大水之中吸收日月精华，造就了山上神妙的自然环境。不周山上长着一种珍奇果树叫作嘉果，果实像桃子，颜色鲜粉嫩红，长在枝干的顶端；叶子则是椭圆形的，与枣树的叶子相仿；花朵是黄色的，花萼是红色的。嘉果果实的主要功效是消除疲劳，对缓解烦恼也有很好的效果。

　　据说古时候有许多人尝试过攀登不周山，希望能一路到达仙境，但都无功而返。虽然山上有嘉果这样的精力补给站，登山人无论多么劳累，吃了它的果实就能精力充沛地继续向上攀爬，让人们觉得好像成为神仙也不是毫无可能，但上山之路十分险峻，而且常年飘雪，天气太过恶劣，还有神兽守门，其中的种种阻碍使得凡人登上仙境的机会变得微乎其微。这体现出古代神话中人与神之间的微妙关系。他们的生活迥然不同，一方充满疾苦，另一方毫无忧愁，极端的差异让凡人产生无限遐想，认为仙境才是最好的归宿。可是人神有别，二者之间有森严的边界，只有不周山这一条通道，山上还有嘉果这样可以补充体力、消除疲劳的神树，于是凡人心生向往，不断去尝试，去征服。殊不知不周山的险峻、严寒、守门神兽等阻碍都是需要直面的问题，又让凡人登上仙境的机会变得微乎其微。很难猜测天神设计出如此艰难的成仙之路，是真的想筛选能人，还是一个彻头彻尾的骗局。

因为能够登上不周山的人寥寥无几，所以并没有多少人真正见过嘉果。之后不周山被撞，这条通往神界的通道彻底断了，嘉果也从大家的记忆中慢慢消失。

不死草

注　释

1.祖洲：地名，《海内十洲记》中虚构的仙境。

2.方：方圆。

3.去：距。

译　文

　　祖洲离中土较近，在东海上，方圆五百里，距西岸七万里。洲上有不死的草，草的形状像菰（gū）苗，长三四尺。人死了三天，如果把这种草覆盖在尸体上，那么人当时就会复活。吃了这种草可以让人长生不老。

⊙ 花朵特写

⊙ 果实特写

⊙ 茎部特写

复活神草

　　中国神话中有很多可以让人长生不老、起死回生的神物和法术。它们或可以增加寿命，或可以助人飞升成仙，是人们想象中通往长生的捷径。古时候，尤其在乱世中，人们对神仙降临有强烈的心理诉求，因为他们身处比较恶劣的生存环境中，又很难靠自己的力量改变现状，所以只能寄希望于神仙使用仙法，带领他们摆脱眼前的苦难生活。人们有多渴望长命百岁，就有多怕死，所以才绞尽脑汁，为"生"编织了很多条出路。不死草就是这类神物之一，传说它不仅能为人增寿，还能让死人复活。

　　不死草大多生长在高石沼的英泉边。高石沼是专门供天神存放灵物、宝器的地方，这里环境优美，常年仙气环绕，有麒麟、神鸟等神兽在此居住。而英泉本身就是能让人延年益寿的神泉，人喝下泉水后会沉睡 300 年，然后自然苏醒，醒后便可以长命百岁。生长在岸边的神草受到英泉的滋养，才有了同样珍贵的神力。不死草的色彩丰富，形状像菰草，长三四尺，叶片细长。与普通植物不同的是，它从不聚集生长，而是一棵一棵地单独生长。别看不死草不大，只需一棵就能救活近千人。

　　传说秦始皇在位时期出现过不死草。当时大宛有许多士兵在战乱中惨死战场，有神鸟衔着不死草飞来，将它盖在死人的脸上，死人当时就能复活，从地上坐了起来。秦始皇知道后派使者向北郭的鬼谷先生请教，鬼谷先生说："这种草可以让人起死回生，应该是东海祖洲上的不死草，也有人叫它养神芝。"于是秦始皇立刻派使者征了 500 人，出海去祖洲，遍寻不死草，但所有被派出去的人都没有回来。整个故事如同秦始皇追寻长生之梦一般，十分虚幻。

《山海经》中出现过贯胸国，在那里生活的人，胸口处都有个洞。《博物志》中有个小故事或许说明了贯胸国人的由来，其中也有不死草的出现。传说大禹在统一各部族的过程中曾经诛杀过违反规则的防风氏人，有两条龙因为钦佩大禹的能力前来拜服，于是大禹驾着两条龙往南海去，路上碰到了防风氏族人。防风氏族人想要报复，就用弓箭射向大禹，结果没有射中反而被大禹捕获，之后他们由于惊惧万分，拔刀刺穿心脏而死。可是大禹却拿出了不死草，救活了他们，从此他们的胸口就留下了这道贯穿伤。

现在不死草指的就是麦门冬，是一种百合科的植物，开紫色一串串的小花，果实类似浆果，成熟之后是深蓝色的。它的块状根可以入药，有养阴润肺、清心除烦、提高免疫力等功效，所以《神农本草经》中说它"久服轻身，不老不饥"。也许就是因为麦门冬能助人强身健体，治疗多种疾病，才被人们夸大为可以令人起死回生的神草。

反魂树

山多大树，与枫木相类，而花叶香闻数百里，名为反魂树。扣[1]其树，亦能自作声，声如群牛吼，闻之者，皆心震神骇。伐其木根心，于玉釜[2]中煮，取汁，更微火煎，如黑饧[3]状，冷可丸之。

——《海内十洲记》

汉武帝

月氏使者

注 释

1. 扣：敲击。
2. 玉釜：道家对炊具的称呼。
3. 饧（xíng）：糖稀。

译 文

　　（神鸟）山上有很多高大的树木，与枫树同类，花香可以传百里，名字叫作反魂树。敲击树干，树能自己发出声音，像群牛发出的吼叫，听到的人，都心神震撼。把它的根挖出来，把芯放在玉釜中煮，把汁水煮出来，用小火煎，煎成黑色的糖稀状，冷却后可以捏成丸状。

⊙ 花朵特写

⊙ 树叶特写

⊙ 树干剖面

⊙ 香丸特写

124

能让灵魂回归的香树

在西海中有一处海雾云漫的仙境，名叫聚窟洲，洲上山川绵亘不绝，有一座看起来像鸟的大山，被称为神鸟山。山中丛林莽莽，林中总是能看到七色霞，美不胜收。这里生长着一种很奇特的树，散发着令人迷醉的馥郁香气，名叫反魂树。

从名字就可以看出，反魂树能够使人的魂魄归返，起死回生，这是古人十分渴求的神异能力。反魂树不仅功用奇绝，样貌也很神异。它香气四溢，气味来自花朵，是不常见的蓝色，一朵朵开在树枝顶端，仿佛伸出去的手托着盛开的花，随风浮动，让反魂树显得更加神秘灵动。反魂树还会发出巨大的声音，每当敲击神树，它就会发出群牛吼叫一般的声响，响亮且气势宏大，令听到的人感到心震神骇。反魂树的树叶与枫叶类似，是橙红色的，树枝粗壮但姿态婀娜。

把反魂树的树根挖出来，砍掉多余的枝丫，取树根内芯的部分，放在锅里熬煮，煮出来的汁液是黑色的。把这些汁水过滤后继续用小火煮，让水分慢慢蒸发，黑色汁液变得越发黏稠，直到熬煮至像糖稀一般就可以了。这时锅里的黏稠物香气最醇厚，等它冷却后，制成丸子状，可以长期保存。这种香丸被称为惊精香，也叫震灵丸、震檀香、反生香、人鸟精或却死香。

只需取黄豆般大小的惊精香焚烧熏香，便可以让病人康复，让死人复活且获得长生。

传说汉武帝在位时期，西域的月氏国曾经献供了三颗这样的香丸，它们像鸟蛋那么大，颜色漆黑。当时汉武帝并没有重视这神物的妙用，便命人随意收了起来。直到长安瘟疫时，有人提议在宫中使用一丸试试看，结果香丸的香气飘了百里，很多天后依然存在，不仅使活着的患者痊愈，还让病死的人都复活了。这颗神奇的香丸帮助汉武帝和百姓们渡过了这次灾难，之后天下人便知道了反魂树的奇异之处。然而，另外两丸却怎么都找不到了，以至于汉武帝将要辞世时也没有神药可用，可见世上因果都无定数，这个结局仿佛也预示着长生不老之术都是虚妄之谈。

后来在日本著名文学作品《源氏物语》中也出现了一种返魂香，大女公子思念父亲，希望能得到中国的返魂香，以便和父亲的灵魂相见。也许因为这种惊精香后来作为香料，通过中日两国的香料交易流传到了日本。

当今的学者也在国外的学术文章中发现了与反魂树样貌类似的树，它生长在非洲的索科特拉岛，这座岛上有许多造型奇特的植物，都是在别的地方无法见到的稀有树种，其中与反魂树类似的树并没有很多，几乎不到100棵。这种树的树干是中空的，当受到强力敲击的时候会有类似铜鼓的声音发出，而且花和叶子都散发出独特的气味，人在方圆几千米内都能闻到，这些特征都和反魂树很相似。

我们现在知道，世界上并不存在让人免于死亡的特效药，可是人们依旧在面对病痛的时候心存侥幸，希望能有一种神药可以药到病除，挽救生命，殊不知连拥有天下珍宝的汉武帝都没办法自救长生，更何况普通人了。

珍枝树

元光[1]中，帝起[2]寿灵坛。坛上列植垂龙之木，似青梧，高十丈，有朱露，色如丹汁，洒其叶，落地皆成珠，其枝似龙之倒垂，亦曰珍枝树。

——《洞冥记》

西王母

注 释

1. 元光：汉武帝年号。
2. 起：建立，建起。

译 文

　　元光年间，汉武帝命人建造了寿灵坛。坛上一棵挨着一棵种着名为垂龙的树，这种树像青梧，有十丈高，清晨时，树叶上的露珠是红色的，像红果汁一样，这些露珠落到地上就变成了珍珠，树枝就像倒垂着的龙，所以也叫珍枝树。

⊙ 树干剖面

⊙ 露变珍珠

⊙ 树叶特写

⊙ 液体从树干流出特写

落地成珍珠的贵树

　　古代君王都对求仙问道十分感兴趣，也喜爱搜集奇珍异宝。除了一生追求长生不老的秦始皇外，汉武帝也在这些事上下了不少功夫。他有一位广读寻珍奇书、见识颇广的臣子——东方朔。只要有神兽、珍宝的一点点踪迹，东方朔总会想方设法帮汉武帝寻到。他也因此练就了一身本领，传说最后得道成仙，拜东华帝君为师学艺。

　　元光年间，汉武帝建造了一座仙坛，名叫寿灵坛，把这些年东方朔找来的奇花异树都栽种在坛中，供人观赏。传说这些奇花异树只有仙境才有，建造寿灵坛、搜集这些神物的汉武帝也自比神仙，从"寿灵"这名字我们就可以看出汉武帝对延年益寿的渴求。仙坛高八丈，雄伟壮观，就连西王母乘坐凤鸟经过时，都不禁为这座仙坛的美丽高歌一曲。仙乐余音绕梁，惹得寿灵坛里的草木一同舞蹈。

　　这些草木中，有一种垂龙之木最为奇特。这种树名叫珍枝树，树高十丈，枝干相互缠绕，看起来像腾飞的巨龙。因为龙对天子的寓意不同，所以汉武帝对珍枝树甚是喜爱。它的树干会生出朱红色的黏稠液体，沿着藤蔓流出，掉到叶子上，在叶片上聚集，就像果子熟透了滴出的汁水，为珍枝树增添了许多神秘气息。最妙的是，这些红汁如果落在地上，就会变成珍珠。雄壮的神树、神秘的汁液、落满地的珍珠，构成了一幅神奇之景，是世人无法想象的璀璨景色。每天都会有宫人来珍枝树下收集珍珠。其实它们是珍枝树的种子，没有被及时捡走的珍珠落入土里生根发芽，几年后就会长出一棵新的珍枝树，继续向上攀升，缠绕上老树，形成巨大的树群，生生不息。以珍珠为

种，种子在下落的过程中由液态变成固态，同时变色，这就是神话中的大自然，充满了无限可能。

在我国神话中，还有一种东西可以落地变成珍珠，那就是鲛人的眼泪。传说生活在海里的鲛人也会来到陆地，当他们需要付钱的时候，就拿一个碗出来，哭一会儿，眼泪掉到碗里就变成了珍珠，以此来交换货品。这个传说更符合南方靠海为生之人的想象。

我国很早就开始了珍珠的使用，宋朝已经有了人工培育珍珠的记载。因为它有着美丽的外表，所以常被用作装饰，也是财富的一种象征。珍珠有南珠、北珠之分，因南北两地淡水海水养育而产生分别。但珍枝树却是特有的，珍珠来自树上，更像是生活在内陆地区的人想象出来的产物。海边的珍珠通过蚌来培育，内陆的珍珠由树干汁水化成，不得不佩服古人的想象力，真是丰富有趣。

萤火芝

良常山有萤火芝，其叶似草，实大如豆，紫花，夜视有光。食一枚，心中一孔明，食至七，心七窍洞彻[1]，可以夜书。

——《酉阳杂俎》

秦始皇

1.洞彻：洞察透彻。

译 文

良常山有一种萤火芝，叶子像草，果实像豆子那么大，花朵是紫色的，夜晚会发光。吃一朵它的花，心里就会开一窍，吃了七个，就能洞察透彻万事万物，它可以在夜晚读书时当作烛光使用。

⊙ 花朵特写，发光示意

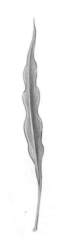

⊙ 叶片特写

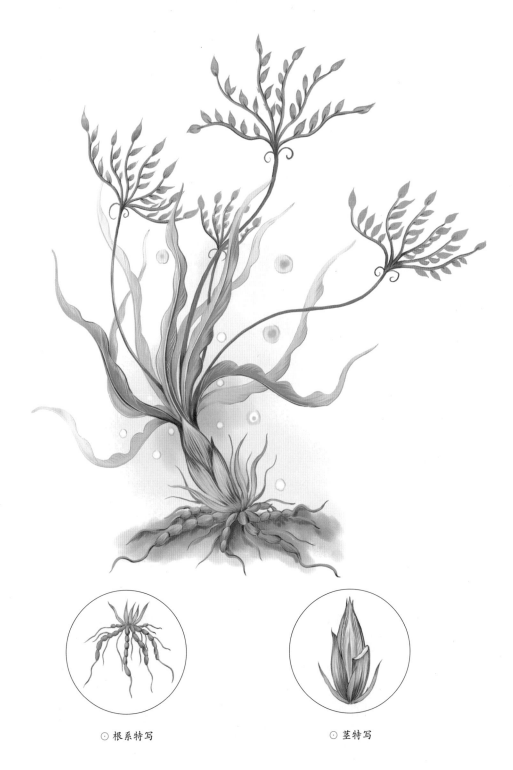

⊙ 根系特写　　　　⊙ 茎特写

书生伴读的明灯

　　秦始皇三十七年（前210）时，南巡到了钱塘江，一行人遭遇了恶劣的天气，江边风波险恶，无法停船，所以转向了北垂山。到了北垂山境内，秦始皇发现山上仙气升腾，十分好奇，不忍离去，于是亲手埋了一对白璧留作纪念，感叹说："巡狩之乐，莫过于山海。自今以往，良为常也。"此后，这座山改名为良常山。后世之人寻到此地，想感受秦始皇当年的巡狩之乐，发现这里的确有一片仙地，上面长着许多奇异的植物，每到夜晚就会发出光亮，把整个山坡照得像白昼一样，宛如仙境。这种植物就是萤火芝。

　　萤火芝的叶片狭长，和普通草类植物类似，但更厚实。果实有豆子那么大，开紫色的小花，能在暗处发光。夜风吹过，萤火芝的花朵在风中摇摆，远看就好像一群盈盈浮动的萤火虫。此情此景，我们似乎能感受到当年秦始皇目睹时的惊叹之情了。

　　萤火芝厉害的地方不仅在于能发光，它的花朵还可以食用，吃了能让人开窍。《酉阳杂俎》中说："食一枚，心中一孔明，食至七，心七窍洞彻。"古时候人们认为圣人的心有七窍，并不是说他们的心脏真的有 7 个空洞，而是比喻圣人通达天地正理、智慧高超，心里的思想就像七窍皆通一样来去自由。因此在古人看来，圣人都是与众不同的特殊人才，七窍心就像是圣人独有的标记。

还有一个关于七窍心的故事来自《封神演义》。妲己为了除掉一直跟她对着干的忠臣比干，谎称自己得了重病。她告诉商纣王只有吃了七窍玲珑心才能痊愈，而比干正是拥有这种奇异心脏的圣人，后来商纣王真的挖出了比干的心。比干就这样命丧昏君之手，后来被姜子牙复活。传说比干可以与世界万物交流，双眼可以破除一切幻术。妲己也担心比干看出自己的妖怪真身，所以才想方设法害死了他。

正是由于萤火芝的花有增长智力、让人通晓事理的功效，所以它在古时候被很多书生所喜爱。书生们在小小的萤火芝中寄托了希望心窍皆洞明、世事皆透彻的愿望。他们一旦得到萤火芝，便马上在盆中栽种，夜晚读书时可以把它用作灯烛，安全又养目；待花开后，吃几片花瓣，也可能让学习事半功倍。吃萤火芝被很多读书人当作一种学习的捷径，却不知它的副作用也很大，食用之后经常会腹痛难忍。

看到这里，你可能会问，世界上真的有可以自己发光的植物吗？其实还真有，但并不常见。通常这种植物的外表上都含有磷，所以能够在夜晚发光。比如黑色郁金香，它的花蕊富含磷质，在夜晚可以发出点点光芒，因此被叫作"夜皇后"。还有灯笼树，它的花朵可以吸收和储存磷，晚上能释放出磷化氢，从而引起自燃，在远处看去就像一团团蓝色的火焰，宛如一个个小灯笼，这便是"灯笼树"名字的由来。这些植物虽然没有萤火芝增长智力的功能，但却是非常有趣的观赏植物。

龙肝瓜

有龙肝瓜，长一尺，花红叶素[1]，生于冰谷，所谓冰谷素叶之瓜。仙人瑕丘仲[2]采药得此瓜，食之，千岁不渴。瓜上恒如霜雪，刮尝，如蜜渍。及帝封泰山，从者皆赐冰谷素叶之瓜。

——《洞冥记》

瑕丘仲

1. 素：白色。
2. 瑕丘仲：古代传说中一个卖药的仙人。

译 文

　　龙肝瓜长一尺，花是红色的，叶子是白色的，生长在冰谷中，也叫冰谷素叶瓜。仙人瑕丘仲采药的时候得到了这种瓜，吃了以后，千年都不觉得渴。瓜上一直有一种类似霜雪的东西，刮下来尝一尝，像蜜淬一样甘甜。汉武帝在泰山封禅，跟随他的人都被赏赐了这种瓜。

⊙ 叶片特写

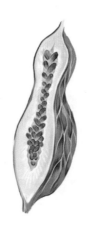

⊙ 瓜横截图

⊙ 花朵特写

清凉止渴的珍美之果

从前在宁地有个卖药人，叫作瑕丘仲，他已经在那里卖了100多年的药，大家都认为他是个寿星。瑕丘仲多年来遍寻各种奇草为药，所以药铺生意一直不错，积累了很多财富。有一次当地地震，把瑕丘仲家的房屋震倒塌了。有一位黑心的邻居以为他死了，就把他的尸体丢在了水中，又把他炼的丹药偷出来去卖。结果邻居在集市上正卖药的时候，遇见了起死回生的瑕丘仲，邻居见后十分害怕，瑕丘仲说："我只恨你发现了我长寿的秘密，我是时候离开这里了。"原来他采药时遍访名山，寻得许多奇珍异宝，可以长期不进食、不饮水也能生活，还能入水复活，邻居以为把他的"尸体"抛掉能以绝后患，没想到却是救了他一命。

瑕丘仲采药时曾经去过极其寒冷的冰谷，在里面发现了一种藤蔓植物，结着一尺左右长的瓜，果实外面还挂着霜雪一样的东西，叶子是白色，也挂着霜状物，看上去就让人觉得心脾清凉。但旁边却映着红色的花朵，与瓜形成强烈对比，极为醒目诱人。这种植物就是龙肝瓜，也叫作冰谷素叶瓜。冰谷的面积特别大，而每根藤上只结一个瓜，因此想要摘一个成熟的龙肝瓜，还需要耐心寻找才行。瑕丘仲从没见过这种瓜，就摘了几个带出去，以为回到宁地后，瓜外层霜雪一样的东西就会融化，谁知道即便到了炎热处它也不会融化，仔细观察，这层霜状物质还能被刮下来，吃起来非常甘甜，就像蜜滓一样。瑕丘仲吃了瓜后就再没感觉到口渴过，后来人们说，它这生津止渴的功效能维持到千年，是难得一见的奇果。

瑕丘仲将摘得的龙肝瓜拿到药铺里售卖，因为此瓜功效太过神奇，所以有幸尝得此瓜的人就慢慢学着栽种它。不过由于宁地没有冰谷那样寒冷的环境，结的果实自然不如原产地的那么美味，但依然是很珍贵的果品。

从龙肝瓜的名字看，龙是我国古代最重要的神兽之一，生活在水中，能操控风雨。而肝是五脏中特别重要的代谢器官，五行中属木，水生木，水足，就能使肝温润健康。龙肝瓜这个名字，便把它生津止渴的功效展现得淋漓尽致。

《西游记》中说玉帝设宴招待宾客，其中有"龙肝凤髓"这道名贵的菜，这里的龙肝并不是指龙肝瓜这种水果，只是借用了其稀有的含义，后来"龙肝"这个词也用来形容珍美稀有的佳肴。

汉武帝在位时在泰山举行封禅仪式，这是古代帝王在太平盛世或天降祥瑞时祭祀天地的重大典礼，当时跟随他的人都被赐予了龙肝瓜，帝王将龙肝瓜作为厚礼，在重要的仪式中赠予忠臣良将，也从侧面体现了龙肝瓜的珍奇。

屈轶草

尧时有屈轶草,生于庭,佞[1]人入朝,则屈[2]而指之。一名指佞草。

——《博物志》

1. 佞（nìng）：习惯于巧言谄媚。
2. 屈：使……弯曲。

译 文

　　尧帝在世时，有一种草叫作屈轶草，长在他的朝廷中，巧言谄媚的小人入朝的时候，这种草就会弯曲并且指着他。这种草也叫指佞草。

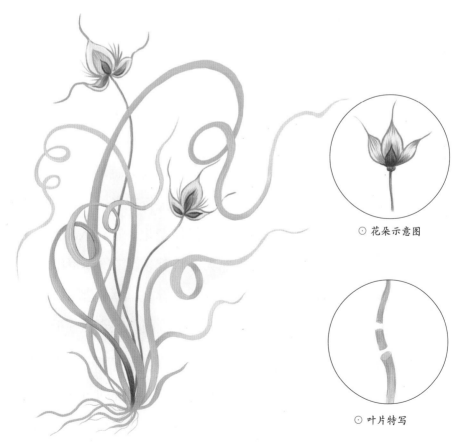

⊙ 花朵示意图

⊙ 叶片特写

指认奸佞的忠良之草

尧是上古"五帝"之一，贤明且有作为，统一了华夏各族。他执政期间，曾命大禹的父亲鲧（gǔn）去治理水患，开始了漫长的治水之路；也是他命令神射手羿射掉了天上九个太阳，只保留了一个；他还制定了历法，推广农业，是位成就颇多的帝王，被司马迁称为"最理想的君主"。他在位时，用来商议政事的大殿前长着一些奇怪的神草，它们通身为黄色，样子与普通的野草几乎无异，但即使它生长在角落里，也总能夺人目光。

这种草叫作屈轶草，也叫指佞草，拥有极高的灵性。它原本有着修长的草叶，呈直立姿态。当有奸佞小人路过，它能像指南针一样，草叶的末端仿佛受到奸佞小人的磁场影响，朝着对方的方向弯曲，将其指认出来。而当德行兼备之人路过时，这种草就像普通的花草一样，没有任何变化。这让人联想起古代神话中的瑞兽獬豸，能辨别罪人，将其顶翻在地，因此深受帝王的尊崇。久而久之，因为屈轶草的存在，佞臣都不敢再上朝，生怕被指认出来，在大家面前丢了脸面，甚至丢了官职。

尧以后没有把皇位传给儿子，而是禅让给了舜，因此留下了一段佳话，传说这里也有屈轶草的功劳。尧的儿子丹朱是个顽劣之人，又好大喜功，他听信身边谄媚之人的话，对帝位一直跃跃欲试。尧在位期间便看出了丹朱缺乏治理国家的才干，不是做帝王的材料，而且每次丹朱上朝经过屈轶草时，它都会展现出弯曲的状态。所以最后尧坚定地认为儿子不能担当治国重任，便顾全大局，把帝位禅让给了更有治国能力的外姓人舜。受到尧的影响，后来舜也把帝位禅让给了治水成功的外姓人大禹。屈轶草也因为有这样奇异的能力，渐渐成为帝王礼贤下士、乐于接受劝谏的象征。

在现实生活中，我们往往会忽略植物与人的细微互动，进而认为植物是不能与人互动的。其实，含羞草就是一种能与人产生互动的代表植物。一旦有人摸它的叶片，它就会迅速闭合起来，一段时间后，叶片才能恢复展开的状态。屈轶草的神奇之处就在于，它不仅能做出反应，还能主动思考，辨别是非善恶，或许这是得益于每天在议事庭院外的耳濡目染。

在古代神话中，像屈轶草、獬豸这样能明辨是非、指认出奸佞小人的动植物形象，都是人们希望执政者清明公正的美好愿望的化身。古人希望，如果人心不易被看透，那就请神兽和神草去帮助他们铲除奸恶，还人间一个廉洁严明的庙堂。

不烬木

（荒外）有火山，其中生不昼[1]之木，昼夜火燃，
得暴风不猛，猛雨不灭。

——《神异经》

注 释

1.昼：通"烬"，烧毁。

译 文

有一座火山，山中长着一种叫作不烬木的树，昼夜被火烧着，遇到暴风，火也不会变大，遇到大雨，火也不会熄灭。

⊙ 火鼠

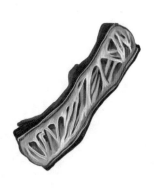

⊙ 树干内部剖面图

⊙ 叶子特写

⊙ 树干特写

不怕火烧的异树

树木最怕的就是火，山林里一旦发生火灾，火势就会迅速蔓延，使山上的植物遭到毁灭。但《神异经》中却记载了一种可以在火中生存的异树，叫作不烬木。

传说有座火山，高四十里，方圆四五里。这里的火就好像有自己的意志，狂风吹来它不会变得更猛，大雨来浇也不会被熄灭。这座山在每年4月时生起大火，到12月自行熄灭。在这座漫山大火的山中，竟然还生存着一种神奇的树木，就是不烬木。它不仅不怕火，还能在火中继续生长。火焰燃尽时，它不过掉了些叶子，就像别的树秋天正常落叶一样，之后还能发出新芽，慢慢长出新叶。它的树干呈赤乌色，又高又粗，最高可达20余米。它的叶子很少，大多集中在树的顶部，呈长圆形。或许你以为在火焰中生长的不烬木只是一种防火的材料，其实它更是特别好的生火材料，用它生火会一直不灭，是名副其实的"不烬"。因为生长环境太过特殊，所以不烬木很难砍伐，又易燃，也很难保存，这些特性让它变成一种稀有的木材。因为它不灭的属性，很多人会把不烬木放在水中运输到各地，用作祭祀时的燃料，一根枝干就能燃烧很久。我们现在也有比较易燃又很耐烧的木材，比如栗木、松木，这都是人们烧火的首选木材。

在那样恶劣的环境中，也有动物和不烬木为伴。相传山上生活着神兽火鼠，火起时它就出来活动了。它的体形很大，有百斤重，毛发很长也很细，有两尺多，是织布的好材料。用火鼠的毛织成的布自然也不怕火，甚至可以用火烧的方式去清洁布料，十分罕见。这种鼠只能在山火中活动，离开了火身体会变成白色，如果用水淋湿它，它就会立刻死亡。

古时候，人们对火既渴望又恐惧。因为火能给人带来温暖，把食物做熟，是特别重要的；可是一旦发生火灾，那时的人们也没有快速阻止火灾的办法，就会受到难以想象的财产和生命损失。因此古代神话中有许多与火有关的神奇动植物，有的是不烬木这样以火为"营养"的，有的是能够很好防御火的，这些动植物都来源于古人对于火这种重要自然资源的无限遐想。古人认为火是被天神掌握的，所有曾经盗取火种的人物形象既是英雄，又会因此背负天神降下的重罪，可见火对于人类历史发展的意义有多么重大，它是神权到人权的一种过渡，也是人们逐渐掌握自然规律、积累生活智慧的体现。获得火种不易，保留火种更不易，所以人们才要创造不烬木这种能经年燃烧的神树，期望拥有取之不尽、用之不竭的火种，从而持续获取温暖和光明。

异果

有果作黄金色，牧羊人窃一将还[1]，为鬼所夺。又一日，复往取此果，至穴，鬼复欲夺，其人急吞之，身遂[2]暴长，头才出，身塞于穴，数日化为石矣。

——《酉阳杂俎》

注 释

1. 还：回去。
2. 遂：于是。

译 文

　　有一种黄金色的果子，牧羊人偷了一个想要带回去，然而被怪物夺走了。过了一天，牧羊人又去拿这个果子，到了洞穴里，怪物又要夺走，牧羊人情急之下就直接把果子吃了，身体突然变长、变大，头才出了洞穴，身子还塞在里面，几天之后化作了石头。

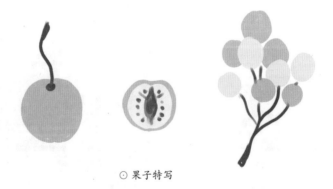

⊙ 果子特写

⊙ 枝干特写

⊙ 叶子特写

让人变长、变大的黄金果

传说印度的赡披国有个牧羊人，他是个养羊大户，有成百上千只羊。一天午后，他发现几只羊走失了，找了半天也没有找到。到了太阳快要下山的时候，他看到那几只羊从远处走回来了，不过看起来很不对劲，样貌、毛色、叫声好像都和以前不一样了。牧羊人觉得很奇怪。第二天，牧羊人就紧盯着这几只羊，观察它们的动向。午后，它们又离群独行，于是牧羊人就悄悄地跟在它们的身后。羊走了很远，来到一座大山前，钻进了一个洞穴。牧羊人见状也跟着爬了进去。

在洞穴中爬行了五六里后，四周豁然开朗。只见这里植物繁茂，别有洞天，有很多牧羊人从没见过的花草在这里生长着。几只离群的羊正在吃一种草。牧羊人走近观察，发现这种草长得很特别。他心想，在这样稀罕的地方，一定有不少宝贝，于是在四周仔细寻觅。一棵结着黄金色果实的树引起了他的注意。树的枝叶上长有微小而锋利的红刺，果实被茂密的绿叶遮盖着，果实虽然小，但它发出的金色光芒却难以被枝叶所遮盖。洞内潮湿阴暗，但这种果实却生长得十分茂盛，可以发出耀眼的光，十分奇异。牧羊人没有多想，立刻摘下了一个黄金色果实，揣到了怀里，打算从洞里出去。这时，洞穴深处突然跑出来一只可怕的怪物，将他怀里的异果夺走，牧羊人吓得不行，不敢上前讨要，赶紧逃出了洞穴。出来后，他将在洞中的见闻说给家人听，却没有人相信。于是牧羊人打算明日再去，非要把黄金色果实偷出来不可。

第二天，牧羊人又来摘果子，不出所料，怪物又出来抢。牧羊人情急之下，一口把果子吞进肚里，没想到他的身体突然开始不停地变长、变大。他的头逃出洞穴，而身体却塞在洞中出不来了。在这荒山野岭中，也没有人来救他。过了几天，他竟然变成了石头。

这种果子就是《酉阳杂俎》中的异果。如果我们从现在的果子中寻找异果的痕迹，最相像的是枸橘，别称"枳"。《晏子使楚》中有句名言："橘生淮南则为橘，生于淮北则为枳。"意思是橘树在淮南栽种，结出来的果子是橘子；在淮北栽种，结出来的就是枳。这句话意在表达，即便是同样的东西，受到不同环境的影响后，也会变得不一样。成熟的枳是金黄色的，味道异常酸涩，难以食用，但却有很多农民喜欢它。因为它的枝干上长着许多小尖刺，非常坚硬，如果成片栽种，就会形成一道天然的屏障，所以农民常用它来取代栅栏，阻挡黄鼠狼、蛇等动物侵袭，也能用来防贼。异果枝干有刺、果小、金黄色这几个特点都能与枳对应上。虽然枳没有让人变大、变长的功能，但是它可以入药，有除痰止咳、消食化滞的作用，这些功效也使枳对人类来说有很实用的价值。

萆荔

其草有萆荔，状如乌韭，而生于石上，亦缘[1] 木而生，食之已[2] 心痛。

——《山海经》

神农氏

注 释

1. 缘：凭借、依附。
2. 已：终止。

译 文

有一种叫作菫（bì）荔的植物，长得像乌韭，在石头缝里生长，有的也攀附树木生长，人吃了可以治疗心痛。

⊙ 叶片特写

⊙ 果实特写

⊙ 茎干特写

⊙ 茎干内部特写

⊙ 花朵特写

⊙ 根特写

治愈心痛的香草

　　《山海经》中说有一座山叫作小华山，山中有很多牡荆树和枸杞树，远远看去山体的色彩特别丰富，风景十分秀丽。山上还长着一种蕨类植物叫作萆荔，它通常长在石头缝里，有的也攀附树木生长。

　　萆荔的叶片表面很光滑，是披针形的，中间稍宽，两头越来越窄，好似成对的羽片一样。它的根部生长得较为粗壮，还带有许多不定根，果实在未成熟时表面为黄绿色，并且带有茸毛，成熟后的颜色变为红色或绿色。被剖开的果实带有黏液，可以制作成凉粉，冰镇后食用特别解暑。

　　《山海经》中说萆荔长得很像乌韭，也就是乌蕨。这是一种观赏价值很高的植物，在农村也称它为金花草。它抽出的每个枝条上都长满了小叶片，组成了好像松树一样三角的形状。它被农人称为解毒草，有清热解毒的作用。不过乌韭没有果实，而萆荔结果实。

　　现在人们通常认为萆荔就是薜荔，薜荔其实是另一种桑科灌木。它的叶片呈卵状，表面非常光滑，也是披针形。果实的形状有些像梨，果胶含量很高，所以可以用来制作凉粉。它的叶子也可以入药，有消肿止痛的作用。《离骚》中有一诗句云：

"擎（qiān）木根以结茝（chǎi）兮，贯薜荔之落蕊。"茝是一种香草的名字，《汉书》中认为它就是白芷。《离骚》中说，用树木的根编茝草，然后佩戴起来，是向圣贤学习的做法。这两句诗句中，用薜荔对应茝草，可见薜荔也是一种香草。

草荔这种神草除了能熏香，还有护心功能，传说人吃了它可以治疗心痛。唐代诗人皮日休曾有《忧赋》曰："其坚也，龙泉不能割；其痛也，草荔不能瘳（chōu）。"意思是坚固得连龙泉宝剑都不能割裂，痛得连草荔也没办法治愈。这里草荔能治疗心痛的典故就来自《山海经》。《神农本草经》中有记载，草荔气香，味道甘寒，容易入口。因为它能治心护灵，后人为它编织了美丽的传说故事。传说草荔本是天上的一位仙娥，因为看到神农牺牲自己尝遍百草，被他坚韧的精神感动，所以化作仙草，帮助神农化解心中烦闷，后来这种让人心脾舒顺的香草因此声名远扬。

我国使用香草的历史非常久远。古代士大夫有佩戴香草的习俗，他们认为这样做能彰显身份和地位。在神农所尝过的百草中，也有很多种植物就是香料，《本草纲目》还设置了《芳香篇》，专门讲解不同香草的来历、应用等问题。早在春秋战国时期，人们已经用佩戴香草、把衣服熏香或用香草沐浴的方式获得香味。从汉朝开始，随着我们与西域各国交流越发频繁，不同的香料进入中原地区，甚至在富人中形成了一股熏香潮流。比如当时用"椒房"来形容宫中皇后或宠妃居住的宫殿，建造

"椒房"时，人们会用泥土混着花椒来刷墙，这样房间里便能留下阵阵幽香，并且能够有效防虫。因为当时使用香料是非常奢侈的行为，所以只有家境很好的贵族才能享受"椒房"。同时，香草也渐渐成为美容、饮食中不可或缺的材料，为人们的生活增添了不少新的乐趣。

鹿活草

　　天名精，一曰鹿活草。昔青州刘懂，宋元嘉中射一鹿，剖五脏，以此草塞之，蹶然[1]而起。懂怪而拔草，复倒，如此三度。懂密录[2]此草种之，多主伤折。俗呼为刘懂草。

——《酉阳杂俎》

1. 蹶（juě）然：忽然，突然。
2. 录：收集。

　　天名精，也叫鹿活草。以前青州有一个叫刘懂（huà）的人，在宋朝元嘉年间射中了一只鹿，他剖开鹿的肚子，把鹿的五脏取出，将鹿活草塞进去，鹿突然站了起来。刘懂感到非常奇怪，把草拿出来，鹿又倒下了，像这样反复三次。于是刘懂秘密地收集这种草并种植起来，它可以用来治疗骨折之伤。这种草被叫作刘懂草。

⊙ 花朵特写

⊙ 茎干特写

⊙ 叶片特写

活血复活的神药

南宋元嘉年间，在青州有个叫刘懂的人，他常在林中打猎。有一天他猎到了一只鹿，鹿血溅到周围的草上，不停地转动，这种景象让他感到十分疑惑。他想，这草竟然能让被溅到上面的血滴保持流动，那我如果把它放在死去的鹿中，不知道会有什么奇效。于是刘懂便剖开了鹿的肚子，取出五脏，用这种草塞满了鹿的肚子，结果奇怪的事情发生了，这头鹿就好像刚刚只是摔了个跟头一样又站了起来，没一会儿就恢复跑跳。可当刘懂把这些草从鹿的肚子里拿出来，鹿即刻便倒下了，和它刚死的时候一样。刘懂这样反复试了三次，知道这草一定不一般，所以偷偷地挖出了几棵，拿回家悉心栽种了起来，还为它起了名字，叫作鹿活草。

鹿活草的茎干是直立的，叶片上有许多极细软的毛。或许就是因为这些短毛，才使得鹿血滴在叶片上就像露水滴在荷叶上一样，还在滴溜溜转。它的花朵是黄色的，形状像一个小型的瓮一样，长在叶片的根部，下面较大，上面较小，花瓣短短的，点缀在"瓮口"的位置。

鹿活草能让挖掉了五脏的鹿复活，说明它不仅能够活络血液、疏通经脉，还能愈合伤口，使受损的组织重新复原，更能替代五脏的作用，尤其是心脏这颗提供动力的"马达"，让受伤者的身体可以正常运转，可以说它集所有治愈功能于一身，是真正的神药。后来刘懂用他自己栽种的鹿活草医好了很多骨折的人，听起来并没有发挥它全部的神力，但也已经造福了许多人。

鹿活草有这些功效只是一个美好的传说。它在一些影视剧作中也被引用为能让人起死回生的神物，令人们向往。

现实生活中并不存在能让人复活的神草。现实中的鹿活草与传说中的样子并不一样，功效也没有那么神奇。从中医的角度来看，鹿活草只是一味平凡的中药材，它能够清热解毒、祛痰止血，也是驱虫的首选草药。在《唐本草》《本草纲目》《药性论》等医书中，鹿活草都是治疗刀剑等金属伤的良药，可以很快给伤口止血，可见在古代冷兵器时代，鹿活草一定是非常常用的药材之一。《本草纲目》中还记载，用鹿活草煎的汤漱口，能够给牙齿止痛。

若木

大荒之中，有衡石山、九阴山、灰野之山，上有赤树，青叶，赤华，名曰若木。

——《山海经》

在很荒远的地方，有衡石山、九阴山、灰野山，山上长着一种红色的树，叶子是青色的，花朵是红色的，名字叫作若木。

⊙ 叶片特写

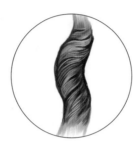

⊙ 树干纹路特写

⊙ 花朵发光特写

太阳"下班"的地方

　　《山海经》中有三大神树，它们所处的位置展示了古人心中的太阳运行轨迹。清晨，太阳女神羲和驾着太阳金车，在东边太阳休息的地方——扶桑树接一个太阳上车，开始了一天的巡游工作。中午，他们的车来到"天下之中"的建木这里，当车走到建木正上方的时候，就是正午。傍晚时分，太阳金车回到了西边昆仑山旁若水畔的若木上，光明渐渐从大地上消失，夜晚慢慢来临。东晋学者郭璞为《山海经》作注说，若木生在西边昆仑更西的地方。古时候人们远远看着太阳在西边落下去，仿佛落在远处的树丛中，于是创造出若木这样的植物，和东边的扶桑相互对应。它们一个东一个西，一个是太阳休息和出发的地方，一个是太阳结束工作的地方，就像"阳""阴"一样成对出现。也有人认为这两棵神树之间应该有一个直通的内部通道，能够让太阳快速地从若木回到扶桑休息。若木和扶桑的出现，也体现了古人早期的宇宙观。

　　若木本身并不高大，它周身红色，长有青色的树叶，叶片首尾较窄，中部较宽。若木的花朵是红色的，较为柔软，整体很蓬松，触感就像盛开的棉花一样，以双数花瓣为主，中心的花蕊十分显眼。最神奇的地方是，若木的花朵在太阳升起时会开始吸收阳光，直到太阳到达自己身边休憩，它们便放出奇异美丽的光芒。即便太阳离开了，它们依旧可以散发出耀眼的光芒。太阳就是若木的能量来源，它吸收阳光滋养自己。若木树下总是阴凉一片，让人感觉不到阳光的炙烤。屈原在《天问》中，把若木的花朵叫作若华，后来它被运用在很多诗歌创作中。曹植在《感节赋》中写道："折若华之翳日，庶朱光之常照。"吴筠在《游仙》中写道："若华拂流影，不使白日匿。"其中若华的典故都来自《山海经》。《离骚》中有这样一句："折若木以拂日兮，聊逍遥以相羊。"意思是折一根若木挡住太阳，我可以暂时逍遥徜徉，也说明了若木有遮阳避暑的功能。

有人认为若木是木棉树的祖先，因为木棉树的树干、树枝是红棕色的，花朵也是艳红的，符合若木颜色的描述；也有人认为若木是石榴树，因为"若"和"木"合在一起就是"楉（ruò）"，楉就是石榴。其实我们不必认真探究若木的原型是现存的哪种植物，它被创造出来成为我国古代太阳崇拜中的一个元素，源自人们对自然的观察及对宇宙的畅想。在人们还不知道太阳为什么总是东升西落的时候，只好为它编织一些美好的故事，用更浪漫的方式、更理想化的解读，来描述这些当时还不能用科学解释的现象。这也表达出古人想要探索自然的内心意愿。

四味木

祁连山上有仙树实[1]，行旅[2]得之止饥渴，一名四味木。其实如枣，以竹刀剖则甘[3]，铁刀剖则苦，木刀剖则酸，芦刀剖则辛。

——《酉阳杂俎》

1. 仙树实：仙树的果实。
2. 行旅：旅行的人。
3. 甘：甘甜。

译　文

　　祁连山上有仙树果实，旅行者吃了会停止饥渴，又叫作四味木。它的果实像枣子，用竹刀剖开味道是甘甜的，用铁刀剖开味道是苦的，用木刀剖开味道是酸的，用芦刀剖开味道是辣的。

⊙ 四种刀对应四种味道

⊙ 叶片特写

⊙ 果实剖面

⊙ 花朵特写

175

祁连山上的仙果

　　古时候祁连山分南北，南祁连山指现在的新疆天山地区，北祁连山则包含了古昆仑山、阿尔金山和现在的祁连山。它催生了河西走廊、丝绸之路，还因为植被丰富、野生动物众多，成为我国的生态之门。人们以祁连山的生态环境为源头，创造出了许多奇异的动植物形象，为现在的人们了解当时的自然环境提供了许多有用的线索。味道能变化的植物比较少见，祁连山秘境中就有这样的树，名字叫仙树，也叫作四味木。

　　四味木的树叶是长条形的，顶端尖中间宽，花朵是黄绿色的。它的果实像大枣一样，也有竖长的核在里面，表皮红色，很薄，能为人解渴充饥，数百年才结一颗果。祁连山秘境地势险峻，但景色十分优美。很多人想要攀登祁连山，一睹圣山的风采，路上必然充满艰难险阻，但如果你能遇到四味木，吃几颗它的果实，就再也不会感到饥饿和口渴。或许你想到了之前我们讲的不周山上的嘉果，它和四味木的果实都是旅人路途上的好伙伴。不过四味木只能在祁连山上生长，不能移栽别处，据说也没有人能把砍下来的枝条带离祁连山，不是丢失就是遗落，所以没去过祁连山的人并没有机会见到这种仙树，否则世界上就不会存在饥荒的苦难了。或许这就是神话与现实生活之间的奇妙平衡，神话为人们带来可期待的光点，但总有些神话世界里的规范限制了它们真正影响人们的现实生活。

从"四味木"这个名字就可知道它的果实能产生四种味道。四味木果实的味道取决于刀具的材质。如果用竹刀切开，果子就是甜的；如果用铁刀切开，果子就是苦的；如果用木刀切开，果子就是酸的；如果用芦刀切开，果子就是辣的。所谓"四味"，就是通过这样的方式来切换的。在四味木变化的味道里，我们或许能看到古代刀具的发展过程。最开始时，锋利的木片、竹片甚至芦叶都可以作为切割食物的工具。有了冶炼技术后，由金属制成的刀就出现了。同时我们也能想象到，当铁刀刚刚出现时，由于金属冶炼技术还不够发达，在铁刀与食物接触时会留下些许铁腥味，吃起来就略带苦味了。或许古人在登祁连山时就会多带几种刀具，不然真的遇见了仙树，就无法好好享用这种味道丰富的果实了。

宁封

洞冥草

有明茎草，夜如金灯，折枝为炬，照见鬼物之形。仙人宁封常服此草，于夜暝[1]时，转见腹光通外，亦名洞冥草。

——《洞冥记》

1. 暝：天色昏暗。

译 文

　　有一种草叫作明茎草，夜晚时看上去就像金色的灯，可以把它的茎折下来点燃做火把，能照出鬼怪。古时候一位叫作宁封的仙人，他经常吃这种草，晚上睡觉的时候，能看到腹部有光透出来，这种草也叫作洞冥草。

⊙ 发光茎特写

⊙ 花朵特写

⊙ 用水盛放制作成灯盏

识鬼辨物的发光草

　　洞冥草记载于《洞冥记》这本志怪小说上，又叫明茎草、照魅草。洞冥，意思是能洞察昏暗之处，用来比喻目光锐利，看得深远。"冥"通常与地狱、鬼神有关，所以洞冥也有通晓鬼神之道的意思，洞冥草的别名"照魅"也证明了这一点。从名字来看，我们便能大概猜出洞冥草的功能，首先它一定可以照明，其次它与鬼怪有关。

　　汉武帝曾经遍地寻找助人长生的仙术，在此过程中也了解了许多世间难见的珍宝。他的臣子东方朔跟他讲："在北极有座钟火山，是日月都照不到的昏暗之地，有青龙衔着烛火照明，山上有很多异木异草，其中就有洞冥草。"东方朔在这里提到的青龙应该就是传说中的神兽烛龙，《山海经》中记载，它生活在钟山，来帮这片日月都不能照到的极暗之地区分白天和黑夜。当它睁着眼，这里就是白天，当它闭上眼，这里就是黑夜。即便有了烛龙，这里也是相对昏暗的，所以生长着洞冥草这种能自己发光的植物就不足为奇了。

　　洞冥草其貌不扬，长得与野草无异，但茎部能发出幽幽的金光，所以又叫作明茎草。把它的草茎折下点燃，就能照出鬼怪的样子。这说明洞冥草是拥有智慧的植物，它首先要能分辨鬼怪是真是假，同时掌握着各种让鬼怪现形的方法，能破除妖怪的障眼法，让它们不能在暗处作恶。这不禁让人联想到一种上古神兽——白泽。它是万妖之王，掌管世间所有妖魔鬼怪，也知道消除它们的方法。它曾经将这些关于妖怪们的秘密全部告诉了黄帝，黄帝命人写成《白泽精怪图》，当时的百姓几乎人手一本，从此不受鬼怪困扰。或许洞冥草曾得到白泽的真传，才能认得那么多妖怪的样子，并且能识破妖怪们的各种隐身方式。因此，人们认为洞冥草是可以辟邪的植物。

古时候有位叫作宁封的仙人，他原本是黄帝身边的一位能工巧匠，善于制作陶器。远古时，人们还没有什么可用的容器，生活十分不便。有一次，宁封把鱼裹上泥巴后拿到火上烤，意外发现了制陶的方法，并加以完善，使得这项技术大大方便了人们的生活。《列仙传》中说，他就是赤松子—— 一位上古仙人，可以用手掌控制五种颜色的火。他经常服用洞冥草，一到晚上，洞冥草的光就从他的肚子里往外透出来，景象十分奇异。汉武帝听说了洞冥草的功用，很是好奇，命人去采集这种草，碾碎成泥，涂在云明馆的墙壁上，使得云明馆在夜幕降临时也像白天一样无烛自明。

除此之外，洞冥草的浮力很好，把它扔在水中可以一直漂浮不沉，所以赶夜路的人只要把它放在鞋底，不仅能看清前方的路，还能在水上自由行走。

柜格松

西海之外，大荒之中，有方山者，上有青树，名曰柜格之松，日月所出入也。

——《山海经》

石夷

译 文

在西海以外，大荒之中，有座方山，山上有棵青色的树，叫作柜（jǔ）格松，是太阳、月亮出入的地方。

⊙ 朝向太阳的叶片

⊙ 朝向月亮的叶片

⊙ 树干的剖面

日月出入的巨树

在神话故事中，百年巨树都是带有灵气的。人们会围着灵树祈祷，挂上祈福的红绳，认为这样可以给自己带来好运。树越大，越繁茂，仿佛就越神秘，越有神力。所以在神话里，神树往往都以十分高大的形象出现。大荒之中的方山上，就有一棵高大挺拔的柜格松长久地守在山崖上。传说这棵巨树样貌不凡，一面悬着太阳，叶片呈金黄色，蓬勃厚实；一面悬着月亮，叶片冷峻，透露月光，形状从新月形到满月形，仿佛展示出一个生命的轮回，可谓天地奇景。

传说中柜格松是护山神木，高盈百丈，迎着风矗立在天地之间，是天下树木的翘楚。从有日月开始，它便挺立在此处，见证了万千变化，吸收日月精华，让整座方山都沐浴在神光之下。我们之前已经认识了扶桑树——太阳升起的地方，若木——太阳落下的地方。现在又说这棵柜格松是太阳和月亮出入的地方，这是《山海经》文字叙述的一处错误吗？其实太阳和月亮都是东升西落的，它们不会在同一个地方一起出现。而且地球围绕着太阳转，月亮围绕着地球转，所以在不同的季节、地点，我们看到日月升降的具体位置都会有差别。如果我们仔细阅读《山海经》中的《大荒西经》，会发现不止柜格松所在的方山被描述为日月出入的地方，比如"有山名曰丰沮玉门，日月所入""有龙山，日月所入""吴姫（jù）天门，日月所入"等。柜格松或许是方山这个区域内特别明显的标志，才让人们认为日月在此出现，也在此隐没。

不仅对太阳和月亮的位置有不同的记载，与太阳、月亮有关的神仙也有很多种说法。我们前面讲过太阳女神羲和，她生了10个太阳。在《山海经》中，日月山上有一位女子正在为月亮沐浴，她就是帝俊的另一位妻子常羲，她生了12个月亮。名字里同样有"羲"，一位是太阳之母，另一位是月亮之母，但日月都拥有同一位父亲——帝俊。《山海经》中还记载了一位叫作石夷的神人，他能控制日月升降时间的长短。虽然这些人物所属的体系不一样，但我们能从描述的细节中发现，古人已经对天体运行有了自己的观察和总结，古代天文学因此慢慢萌芽。我们总是说艺术来源于生活而高于生活，在古人眼中，科学也可以是一门浪漫的艺术，很多科学现象以神话的方式被记录下来，在传承的过程中散发出属于那个时代的光芒。

丹木

又西北四百二十里，曰崟山，其上多丹木，员[1]叶而赤茎，黄华而赤实，其味如饴[2]，食之不饥。

——《山海经》

轩辕黄帝

1. 员：通"圆"，圆形的。
2. 饴：饴糖，用麦芽做成的糖。

译　文

　　再往西北四百二十里，有一座崒（mì）山，山上长着许多丹木，叶子是圆的，茎干是红色的，花朵是黄色的，果实是红色的，味道像饴糖，人吃了它就不会感到饥饿。

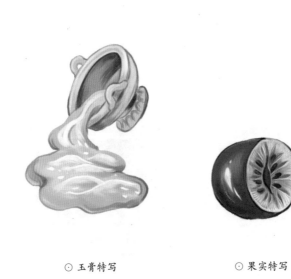

⊙ 玉膏特写　　　　⊙ 果实特写　　　　

⊙ 叶子特写

消除饥饿的仙树

　　《山海经》中记载着一种红色的树，长在峚山上，叫作丹木。它的茎干是红色的，结的果实也是红色的。每当果实开始成熟，黄色的花朵和红色的果子簇拥在一起，远看就像一团团火焰。丹木的叶子是圆形的，结出的果子味道很甜，如果人吃了，会马上消除饥饿感，而且长时间内不会觉得疲惫。如此神奇的功用，与山上奇珍异宝所聚的灵气分不开。

　　峚山是一处绝美的灵地，丹水的源头就在这里。水流围绕着丹树林，互相滋养。水中有很多白色的玉石，是美玉中的精品，君子如果能佩戴峚山的美玉，就可以避免灾祸，吉祥如意。这里还有玉膏涌出，原野上一派欣欣向荣的景象。有人说玉膏本身就是一种仙药，据说黄帝常常服用它，所以才有神力。用玉膏浇灌丹木，五年后丹木就会长出五种颜色的花朵，还能结出五种颜色的果实，极为罕见。黄帝派人采撷了峚山中的玉石精华，种在了钟山的南坡上，生出的美玉坚硬精密，润厚有光泽，五彩颜色，十分珍贵，还生出了瑾和瑜这些著名的无瑕美玉，连天上的神仙都想来一起观赏。由此可见，《山海经》中的玉石有着非常重要的地位，这确实符合"君子比德于玉"这种传统观念。东汉末年的周瑜，字公瑾，名和字中分别有"瑜""瑾"二字，便是君子如玉的意思。

《山海经》中这段关于玉石的记载与我们现在所知的常识很不相同。玉石是一种石头，它是某些元素通过岩浆作用、沉积作用、变质作用等长期演变形成的，不会像植物一样通过种植就能长出新的玉石，所以黄帝在钟山种玉只是一种传说。而黄帝吃的玉膏究竟是什么呢？关于这一点，一直没有确切的说法，不过品质好的玉石，表面的确会有一种油润感，这与玉石本身的细腻程度、打磨玉石的技术及把玩的方式有关。

历史上关于食用玉石的记载也有很多，都是为了达到长生的目的。当然，食用时不是生吞一整块玉石，而是磨成粉或和在药丸中再食用。唐朝之后食玉的风气才逐渐减弱。古书中说用玉膏长期浇灌丹木，会有五色花、五色果的神奇变化，这应该是因为玉膏中富含的矿物质，让植物的花色、果色有所改变。

《山海经》中还有另一座长着丹木的山，叫作崦嵫（yān zī）山。文中说丹木可以预防火灾，具有火烧不化、水侵不烂的属性，后来被引申为百毒不侵的神物。因为这个属性，有些人也认为丹木就是传说中的降龙木。在经典评书《杨家将》的故事中，杨家军面对敌军带有毒气的天门阵法手足无措，只有穆柯寨里的古老神木降龙木才能解这个阵法，因为它能驱散所有毒物。巧合的是，崦嵫山和峚山的山下都产玉石，也许产玉石的地方也同样适宜丹木的生长。

安息香树

安息香树，出波斯国，波斯呼为辟邪。树长三丈，皮色黄黑，叶有四角，经寒不凋。二月开花，黄色，花心微碧，不结实[1]。刻其树皮，其胶如饴，名安息香。

——《酉阳杂俎》

1. 实：果实。

译 文

　　安息香树出自波斯国，在波斯国称作辟邪树。树有三丈高，树皮是黄黑色的，叶子有四个角，冬天不会凋落。它在二月开花，花朵是黄色的，花蕊有微微的绿色，不结果子。划开树皮，流出的胶质物就像饴糖，这就是安息香。

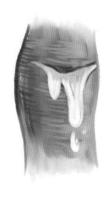

⊙ 胶质物特写

⊙ 固体安息香特写

⊙ 叶子特写

⊙ 花朵特写

辟邪除恶的香料树

　　安息香树产自波斯国，在其境内人们直接称它为辟邪树，说明了它的功用。安息香树通常比较高，有三丈左右，树皮是黄黑色的，树叶形状像手掌，但只有四个角。它特别耐寒，即使在冬天绿叶也不会凋落。它通常在二月开花，花蕊是嫩绿色的。花蕊至花瓣边缘，颜色慢慢从淡绿变黄，非常淡雅。安息香树不结果子，树皮中有丰富的胶质物，是十分珍贵的香料。它的胶质物平时是流动的白色液体，味道香甜。把树皮割开收集这种胶质物，放置六七个月的时间，就会慢慢凝固，颜色也逐渐变深，最后呈棕黄色。把这种固态的胶质物磨成粉，焚烧使用，就是安息香，焚烧后香气甚浓，夹杂着一点点辛辣的味道。

　　古代神话中说焚烧安息香不仅可以去除臭味，而且能与神明相通，让所有恶灵都退避，十分神圣。因为波斯遥远，安息香难取，所以刚开始只在宫廷中使用，后来慢慢在百姓中普及，人们纷纷在家中焚烧安息香，祈求祛病驱邪，清净家宅，宁心静气。

　　我们曾经讲过返魂树，汉武帝时期的一次瘟疫让人们知道了它的神奇之处，把用它的树根做成的香丸焚烧之后能让死去的人复活。返魂香美名远扬，故事情节变得越来越离奇，在文学作品中也频繁被使用。其实西方很多国家早已有焚香祛病的方法，古希腊名医希波克拉底被称为西方医学之父，他在雅典发生大瘟疫的时候，就让大家用焚烧带香气的植物的方式对抗瘟疫。中医领域里也有类似用熏香预防疾病的方法，自从香料大量进入中国，中国人也慢慢有了熏香的生活习惯。"安息"二字意为平静地休息，所以安息香一直作为令人凝神静气的香料出现在许多影视剧作品中。

我们现在仍能在亚洲东南部或地中海地区看到安息香树，最高的有二三十米，是一种大型乔木。其实在植物学中，"安息香"是一个属的名，很多树都是安息香属的。而古书《酉阳杂俎》中记载的能产安息香香料的树，可能是安息香属的一种——越南安息香。它的树皮里有白中泛黄色的胶质物，凝固后可以做成安息香香料，也能入药，是一种重要的中药材，有活血止痛、清神行气的功效。与书中记载不同的是，越南安息香树是结果的，果实接近卵形，不过其中一端是尖的，里面的种子还能榨油，被称作"白花油"，也有一定的药用价值。

图书在版编目（CIP）数据

神奇植物有文化 / 范钦儒编著. —北京 ：北京出版社，2022.11
ISBN 978-7-200-17404-5

Ⅰ. ①神… Ⅱ. ①范… Ⅲ. ①植物—少儿读物 Ⅳ. ①Q94-49

中国版本图书馆CIP数据核字(2022)第165538号

策　　划：黄雯雯
责任编辑：张亚娟
执行编辑：邓　川
责任印制：武绽蕾

神奇植物有文化
SHENQI ZHIWU YOU WENHUA

范钦儒　编著

*

北 京 出 版 集 团
北 京 出 版 社 出版
（北京北三环中路 6 号）
邮政编码：100120

网　　址：www.bph.com.cn

北 京 出 版 集 团 总 发 行
新 华 书 店 经 销
文 畅 阁 印 刷 有 限 公 司 印刷

*

170 毫米 ×240 毫米　12.5 印张　119 千字
2022 年 11 月第 1 版　2022 年 11 月第 1 次印刷
ISBN 978-7-200-17404-5
定价：88.00 元
如有印装质量问题，由本社负责调换
质量监督电话：010-58572393